中国电子学会全国青少年软件编程等级考试

中国电子学会　组织编写

爱上编程
Programming

图形化编程一至四级指定用书●图形化编程技巧 ● 30 个趣味案例边学边玩●用编程思维解决数学难题

图形化编程
入门与算法进阶

■ 程晨　主编　■ 丁慧清　杨晋　副主编

人民邮电出版社
北京

图书在版编目（CIP）数据

图形化编程入门与算法进阶 / 程晨主编. -- 北京：
人民邮电出版社，2023.7
（爱上编程）
ISBN 978-7-115-59915-5

Ⅰ．①图… Ⅱ．①程… Ⅲ．①程序设计—青少年读物
Ⅳ．①TP311.1-49

中国版本图书馆CIP数据核字(2022)第155977号

内 容 提 要

图形化编程是入门级编程的主要形式，广泛用于基础编程知识教学及简单编程应用等场景。使用者哪怕没有编程基础、不会编程语言，只要有清晰的思路，就可以通过拖曳图形形式的指令积木，设计智能互动项目，轻松地实现创意编程。

本书是全国青少年软件编程等级考试图形化编程一级至四级指定用书，内容基于中国电子学会发布的《青少年软件编程等级评价指南》（团体标准 T/CIE 104.2—2021）编写。本书通过多个小游戏的制作方法，讲解全国青少年软件编程等级考试图形化编程每级考试的知识点，寓教于乐地从介绍图形化编程的定义开始，逐步讲解程序结构、算法设计等知识。

◆ 主　　编　程　晨
　　副 主 编　丁慧清　杨　晋
　　责任编辑　周　明
　　责任印制　马振武
◆ 人民邮电出版社出版发行　　北京市丰台区成寿寺路 11 号
　　邮编　100164　　电子邮件　315@ptpress.com.cn
　　网址　https://www.ptpress.com.cn
　　北京瑞禾彩色印刷有限公司印刷
◆ 开本：787×1092　1/16
　　印张：10　　　　　　　　　2023 年 7 月第 1 版
　　字数：156 千字　　　　　　2023 年 7 月北京第 1 次印刷
定价：79.80 元
读者服务热线：(010)81055493　印装质量热线：(010)81055316
反盗版热线：(010)81055315
广告经营许可证：京东市监广登字 20170147 号

编委会

前 言

　　国务院印发的《新一代人工智能发展规划》中明确指出人工智能成为国际竞争的新焦点，应实施全民智能教育项目，在中小学阶段设置人工智能相关课程，逐步推广编程教育，建设人工智能学科，重视复合型人才培养，形成我国人工智能人才高地。而在人工智能普及教育工作中，通过学习软件编程去了解和掌握算法非常重要。

　　全国青少年软件编程等级考试是中国电子学会于2018年启动的面向青少年软件编程能力水平的社会化评价项目。全国青少年软件编程等级考试的考试内容包括图形化编程和C/C++、Python代码编程，本书重点面向前者。

　　2021年，在启动全国青少年软件编程等级考试的第4个年头，经过多年的经验积累，中国电子学会发布了《青少年软件编程等级评价指南》（团体标准T/CIE 104.2—2021），其中图形化编程部分针对图形化编程的形式与要求给出了指导性意见。

　　这里要说明一点，广义上来说采用图形形式通过鼠标拖曳指令积木进行编程的操作，均可称为图形化编程形式，因此图形化编程形式多样。本书只是设定了一种图形化编程的形式。这种形式不仅适合学习制作一些交互的动画或游戏，也适合进行算法内容的教学，这大大降低了算法内容教学的年龄门槛，让更低年龄段的学生也能够接触人工智能教育。

　　本书遵照中国电子学会全国青少年软件编程等级考试标准图形化编程一级到四级的要求，按照程晨老师对于编程能力的层次划分逐步递进，适用于中国电子学会全国青少年软件编程等级考试图形化编程部分。本书为全国青少年软件编程等级考试（图形化编程一级到四级）的指定用书。希望本书能够帮助大家参与中国电子学会全国青少年软件编程等级考试。

　　由于图形化编程主要靠拖曳指令积木，为了更适合大家阅读，本书采用全彩色印刷，书中实例清晰详尽、直观明了。

　　最后，感谢现在正捧着这本书的你，感谢你肯花费时间和精力阅读本书，由于本书从图形化编程入门介绍到算法，所以示例之间的难易程度差别可能有点大，再加上时间有限，书中难免存在疏漏与不妥之处，诚恳地请你批评指正，你的意见和建议将是我们完善本书的动力。我们更希望等级考试不是目的，而是学生发展兴趣和验证能力的阶梯。愿每个孩子都通过这本书收获成长、收获能力、收获快乐。

编委会

2023年1月

目　录

第 0 节　关于图形化编程

　　图形化编程形式是编程入门的主要手段，广泛用于基础编程知识教学及进行简单编程应用的场景。广义上来说，采用图形形式通过鼠标拖曳指令积木进行编程的操作均可称为图形化编程形式，图形化编程形式多样。

　　本书是以中国电子学会《青少年软件编程等级评价指南》（团体标准 T/CIE 104.2—2021）中图形化编程部分为依据进行编写的，书中内容均遵循指南中的术语与约定。

　　依照指南要求，学习图形化编程的青少年应能够制作一个多媒体形式的作品，因此对应的图形化编程平台中必须有能够展示作品的窗口（称为舞台），同时窗口中需要包含控制程序运行和停止的按钮，窗口中使用平面坐标系来表述各种元素在窗口中的位置，该平面坐标系的原点在窗口中间，水平方向为 x 轴，向右为正、向左为负；垂直方向为 y 轴，向上为正、向下为负。另外，按照指南要求，图形化编程环境必须能完成对作品的保存与打开。

　　基于以上的描述，图形化编程平台一般会分为舞台区、程序区、指令积木区以及角色区（或素材区）。其中，舞台区是最终程序运行效果的展示区，程序区是我们通过拖曳方式完成编程的区域，指令积木区是陈列所有可使用的指令积木的区域，角色区是列出所有会在舞台区出现的角色的区域。

　　常见的图形化编程软件有这几种：Mind+、慧编程、loongBlock、PZstudio、Kittenblock。

第一部分：青少年图形化编程一级

中国电子学会全国青少年软件编程等级考试图形化编程一级的要求如下。

了解编程环境的界面，掌握编程环境的基本操作，能够导入角色造型和设置背景，并通过对角色的不同操作以及加入声音形成一个具有简单顺序结构的作品。考查简单的逻辑推理能力。

具体包括两方面能力要求。

1. 初步学会使用图形化编程工具，理解编程环境中的核心概念。

- 理解编程环境界面中功能区的分布与作用。

- 掌握拖曳指令积木到程序区的操作方法并可以进行正确的连接。

- 掌握通过舞台区按钮完成运行与停止程序的操作方法。

- 掌握角色在舞台中的移动指令积木和角色旋转指令积木的使用方法。

- 掌握设置声音的播放的方法。

- 掌握进行背景切换的方法。

- 掌握打开计算机上已保存的作品以及保存新制作的作品的方法。

2. 按照规定的要求编写出完整的顺序结构程序。

- 掌握顺序结构流程图的画法。

- 理解参数的概念，能够调整指令积木中的参数。

- 能够完成一个顺序结构的程序。

- 掌握在程序中播放一段音频和切换背景的操作方法。

- 掌握在程序中切换角色的造型、移动和旋转角色的操作方法。

一级最少包含以下指令积木。

■ 当点击舞台区的启动程序按钮时： 当点击启动按钮时

■ 角色在舞台中的移动： 移动 ⬭ 像素

■ 设置角色在舞台中的角度（0度为正上方）： 转到 ⬭ 度

■ 角色旋转： 左转 ⬭ 度 右转 ⬭ 度

■ 播放声音： 播放声音 ⬭

■ 切换背景： 将背景切换为 ⬭

■ 角色切换造型： 将造型切换为 ⬭

■ 等待： 等待 ⬭ 秒

■ 角色显示文本内容： 说 ⬭ ⬭ 秒

■ 切换下一个造型： 下一个造型

■ 下一个背景： 下一个背景

说明

1. 上述指令积木的宽度以及说明文字会与实际图形化编程环境中的不同。

2. 同一级别的指令积木要求上下连接，连接时要左对齐。

3. 标准中的指令积木连接处均为水平的直线，而在具体的图形化编程环境中，上下连接的指令积木之间可以有一些缺口状的设计。本书中指令积木的连接处为上宽下窄的梯形，上方的指令积木向下突出一个梯形，下方的指令积木对应有一个梯形的缺口。

第1节 我们爱编程

了解了以上内容后，现在就正式开始学习编程了。第一个项目，我们来完成两个角色的对话，首先第一个角色说："我正在学习图形化编程，我非常喜欢。"然后第二个角色说："是吗？我也非常喜欢学习图形化编程。"

为此我们首先要选定两个角色。我们可以导入计算机中的图片作为角色或从图形化编程环境的角色库中选择两个角色。我选择的是角色库中的小猫和小女孩，如图1-1所示。选择好角色之后，通过鼠标将角色摆放在合适的位置。

图1-1 选择合适的角色

编写程序之前，先介绍一下表示程序操作顺序的流程图。美国国家标准化协会ANSI（American National Standards Institute）规定了一些常用的流程图符号，目前已被世界各国的多个领域普遍采用，如图1-2所示。

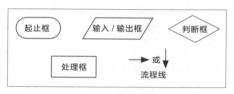

图1-2 流程图基本符号

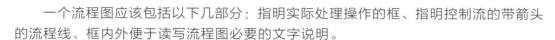

一个流程图应该包括以下几部分：指明实际处理操作的框、指明控制流的带箭头的流程线、框内外便于读写流程图必要的文字说明。

起初，流程图用流程线指出各框的执行顺序，对流程线的使用没有严格的规定，流程线在程序中可随意连接，流程图也就没有起到使程序直观形象、简单清晰的作用，同样，编写的程序也是逻辑混乱、难以理解的。

为了提高流程图及程序的逻辑性，使其更容易理解、更方便阅读，必须对流程线的使用做统一规定，不允许流程线无规律连接，流程只能按照一定顺序和条件进行。于是，在20世纪60年代，两位意大利数学家提出了3种基本结构，用这3种基本结构作为表示一个良好算法的基本单元。

这里先介绍第一种基本结构——顺序结构。如图1-3所示，虚线框内是一个顺序结构。其中A和B两个框是顺序执行的。顺序结构是最简单的一种基本结构。

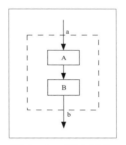

图1-3　顺序结构

我们的两个角色对应的程序如图1-4、图1-5所示。

图1-4　小猫角色的程序

图1-5　小女孩角色的程序

在指令积木中白底的椭圆部分是参数部分，其中的内容是可以根据具体情况来修改的，比如上面的程序中我们要设定"说（显示）"的内容以及"说（显示）"的时间。

点击舞台区控制程序运行的按钮就能看到程序运行效果了。由程序我们知道其实两个角色不是在进行真正意义上的对话，小猫就算没有说话，小女孩在等待2秒之后依然会说话，就好像大家是按照各自的剧本在表演一样。这里给出小女孩的程序流程图，如图1-6所示。

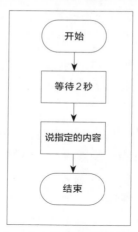

图 1-6   小女孩角色的程序流程图

本节知识点

1. 学会导入计算机中的图片作为角色或从角色库中选择角色。

2. 掌握拖曳指令积木到程序区的操作方法并可以正确连接不同的指令积木。

3. 学会使用"角色显示文本内容"指令积木同步多个角色的对话。

4. 理解参数的概念，学会设置以及调整指令积木中的参数。

5. 了解顺序结构。

扩展练习

1. 可以尝试继续增加故事内容，丰富故事情节。

2. 为对话配音。

第 2 节　派对时间

第二个项目叫作"派对时间"。派对的话背景一定不能是白色的了，我们需要导入计算机中的图片作为背景或在背景库中选择一个好看的背景，这里我选择的是背景库中一个有灯光效果的背景，如图 2-1 所示。

图 2-1　选择背景

角色选择的是一个跳舞的人，整体舞台效果如图 2-2 所示。

图 2-2　舞台效果

程序实现的功能是舞台区控制程序运行的按钮被点击后，让角色的造型变化3次，同时播放一段背景音乐直到完毕。

角色对应的程序如图2-3所示。

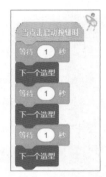

图2-3　角色的程序

接着导入计算机中的音频或从图形化编程环境的声音库中添加一段声音作为背景音乐，这里我选择的是声音库中的"Drum Machine"，如图2-4所示。

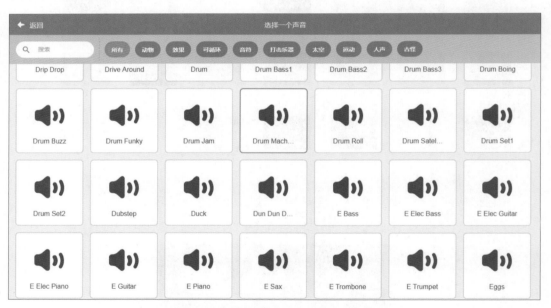

图2-4　选择"Drum Machine"

播放背景音乐对应的程序如图2-5所示，因为我选择了"Drum Machine"，所以这里播放声音指令积木中的参数就是"Drum Machine"。

图 2-5 播放背景音乐的程序

点击舞台区控制程序运行的按钮就能看到程序运行效果了。

本节知识点

1. 学会从背景库中选择背景。

2. 学会用"播放声音"指令积木来播放背景音乐。

3. 学会用"切换下一个造型"指令积木来切换角色造型。

扩展练习

1. 增加参加派对的角色。

2. 切换背景音乐。

3. 画出角色的程序流程图。

第3节 风车

本节我们来制作一个风车小游戏，实现的功能是舞台区控制程序运行的按钮被点击后，舞台区的风车会转动一定时间再自动停止。为此，我们首先要在绘图区绘制一个背景，如图3-1所示。这里我们用线条工具和填充工具简单绘制了一个三角形表示风车的底座。

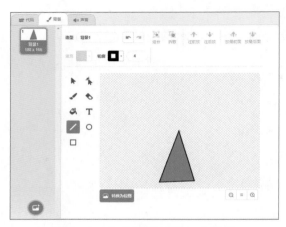

图3-1　在绘图区绘制一个背景

接着创建一个新角色——风车，如图3-2所示，依然还是使用线条工具和填充工具，在绘图区绘制4个三角形，并分别给它们填充上不同的颜色。

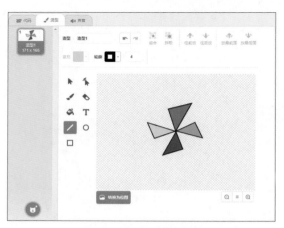

图3-2　在绘图区绘制风车角色

这样角色就绘制完成了，然后我们在舞台区将风车角色拖曳到底座的上端，如图3-3所示。

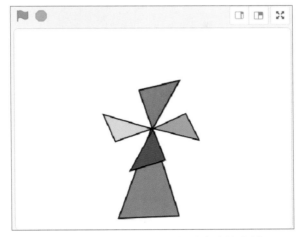

图3-3　将风车角色拖曳到底座的上端

风车角色对应的程序如图3-4所示。

图3-4　风车角色的程序

点击舞台区控制程序运行的按钮就能看到程序运行效果了。

本节知识点

1. 学会绘制新角色。

2. 学会绘制背景。

3. 学会用"角色旋转"指令积木来旋转角色。

扩展练习

1. 背景可以再丰富一些。

2. 添加背景音乐。

第4节　电子相册

　　本节我们要制作一个电子相册，实现的功能是舞台区控制程序运行的按钮被点击后，背景中的照片会被一张一张地播放。为此，我们可以导入多张照片作为背景，如图4-1所示。

图4-1　导入照片

　　这个例子中不需要角色，在多张照片导入完成后，为背景添加的程序如图4-2所示。

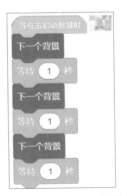

图4-2　电子相册的程序

你可以根据自己上传图片的多少来决定"切换下一个背景"指令积木执行几次，点击舞台区控制程序运行的按钮就能看到程序运行效果了。

本节知识点

1. 学会从本地上传图片到背景中。

2. 学会用"切换下一个背景"指令积木来切换背景。

扩展练习

1. 制作不同主题的电子相册。

2. 为电子相册增加背景音乐。

第 5 节　小星星

　　本节我们来演奏一段乐曲《小星星》，实现的功能是舞台区控制程序运行的按钮被点击后，一个抱着吉他的小猫会语音播报"下面请欣赏《小星星》"，之后演奏乐曲《小星星》的第一小节，同时吉他的造型会变化。

　　通过功能描述，我们知道这里要添加一个吉他角色，在舞台区将吉他拖曳到合适的位置，看起来像是小猫抱着吉他。同时我们在背景中添加一个星空背景，舞台效果如图 5-1 所示。

图 5-1　舞台效果

　　这里的默认背景还是选择之前的白色背景，为了实现小猫的语音播报，我们要使用录音功能录制一段语音。录制语音的时候，我们可以对着话筒说"下面请欣赏《小星星》"，然后将语音信息保存下来。这样所有的素材都准备好了。小猫和吉他角色的程序如图 5-2、图 5-3 所示。

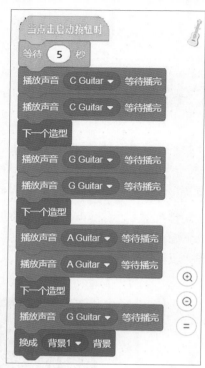

图5-3　吉他角色的程序

图5-2　小猫角色的程序

　　这里因为我们录制的声音对应的名称为"recording1"，所以在指令积木当中的参数就是"recording1"。小猫播报完毕之后，要将背景切换为星空背景。

　　吉他角色本身就包含了很多声音素材，我们可以直接利用这些声音（如果对应的图形化编程环境中没有声音素材，那么需要单独导入声音素材）。点击舞台区控制程序运行的按钮就能看到程序运行效果了。

本节知识点

　　1. 学会为角色录制声音。

　　2. 学会选择不同的声音。

扩展练习

　　1. 可加入多个乐器一起演奏。

　　2. 目前只有一个节目，可以增加节目的数量。

第6节 螃蟹散步

本节来制作一个"螃蟹散步"的项目，实现的功能是舞台区控制程序运行的按钮被点击后，舞台上的小螃蟹会向右移动一段距离，然后向左移动一段距离，同时小螃蟹的造型会变化。

先来准备素材，我们选择一个小螃蟹角色，将其放在舞台区的左下角，同时选择一个海滩背景，效果如图6-1所示。

这里只有小螃蟹角色有程序，程序如图6-2所示。

图6-1 选择角色和背景

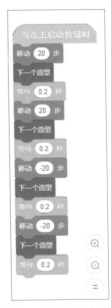

图6-2 小螃蟹角色的程序

说明

1. 在大多数的图形化编程环境中，"角色在舞台中的移动"指令积木的单位为"步"，本文所用的就是"移动××步"指令积木。

2. "移动××步"指令积木的移动方向是和角色面向的方向（以角度表示）相关的，通常0°是y轴正方向，如图6-3所示，顺时针旋转角度增加，逆时针旋转角度减小。因此0°左边是负的，右边是正的，两者相汇在180°，而移动方向通常为90°方向。

图6-3　角色角度为0°是 y 轴正方向

　　程序中，小螃蟹角色每次移动的步数是20，往右走，"移动××步"指令积木的参数就是20；往左走，"移动××步"指令积木的参数就是-20。每次移动之后的等待时间设为0.2秒，如果没有设置这个等待时间，那么实际运行时我们看不到小螃蟹角色的移动效果。

本节知识点

　　1．学会用"切换下一个造型"指令积木来改变角色的造型。

　　2．学会用"角色在舞台中的移动"指令积木来移动角色。

扩展练习

　　1．可加入一段背景音乐。

　　2．可增加更多在沙滩上散步的角色。

　　3．让角色来回移动的距离更远一些。

第二部分：青少年图形化编程二级

中国电子学会全国青少年软件编程等级考试图形化编程二级的要求如下。

深入理解图形化编程环境的操作方法，能够设置多个角色的位置以及上下层的关系，可以通过交互和选择指令积木的综合应用解决问题。考查对循环语句的掌握程度。考查一般逻辑推理和总结归纳能力。

具体包括以下两方面能力要求。

1. 掌握图形化编程环境的使用。

- 理解舞台区层的概念。

- 理解舞台区坐标系的概念。

- 掌握利用"移动到随机位置"指令积木让角色移动到随机位置的方法。

- 掌握选择结构指令积木的使用方法。

- 掌握循环结构指令积木的使用方法。

- 掌握画笔的操作方法，学会设置画笔的大小、颜色。

- 掌握控制角色的大小和可视状态的操作方法。

- 掌握与交互相关指令积木的使用方法。

- 掌握逻辑运算、关系运算相关指令积木的使用方法。

2. 掌握应用编程环境中的指令积木实现具有交互效果的程序的方法。

- 了解随机数的概念。

- 掌握选择结构、循环结构的程序流程图的画法。

- 掌握在程序中使用选择结构，处理最多3个条件之间关系的方法。

- 掌握在程序中使用循环结构的方法。

- 掌握在程序中使用交互功能的方法。

- 掌握在程序中使用画笔绘制图形的方法。

二级最少新包含以下指令积木。

■ 重复执行（循环结构）：

■ 如果××那么××（选择结构）：

■ 如果××那么××否则××（选择结构）：

■ 移动到具体的位置（坐标）： 移到x〇 y〇

■ 滑动到具体的位置（坐标）： 在〇秒内滑动到x〇 y〇

■ 移动到随机位置： 移到随机位置

■ 增加角色的x坐标： x增加〇

■ 增加角色的y坐标： y增加〇

■ 增加角色大小： 大小增加〇

■ 将角色大小设定为百分之多少： 大小设定为〇%

■ 显示角色： 显示角色

■ 隐藏角色： 隐藏角色

■ 将角色移到顶层： 角色移到顶层

- 将角色移到底层： 角色移到底层

- 将角色移动到某一层： 角色移动到 ⬭ 层

- 碰到边缘： ⟨碰到边缘⟩

- 碰到鼠标： ⟨碰到鼠标⟩

- 碰到角色： ⟨碰到角色 ⬭⟩

- 碰到颜色： ⟨碰到颜色 ⬭⟩

- 颜色碰到颜色： ⟨颜色 ⬭ 碰到颜色 ⬭⟩

- 键盘某个按键被按下： ⟨按下 ⬭ 键⟩

- 与： ⟨⟨ ⟩ 且 ⟨ ⟩⟩

- 或： ⟨⟨ ⟩ 或 ⟨ ⟩⟩

- 非： ⟨非 ⟨ ⟩⟩

- 到鼠标指针的距离： (到鼠标的距离)

- 到角色的距离： (到角色 ⬭ 的距离)

- 大于： ⟨⬭ > ⬭⟩

- 小于： ⟨⬭ < ⬭⟩

- 等于： ⟨⬭ = ⬭⟩

- 落笔： 落笔

- 抬笔： 抬笔

- 画笔颜色： 将画笔颜色设为 ⬭

- 画笔大小： 将画笔大小设为 ⬭ 像素

- 清除画笔内容： 清除画笔内容

第7节 海底世界

二级的第一个项目，我们来做一个"海底世界"小游戏，实现的功能是小鱼在海底游来游去。

首先，我们选择一个海底背景；再选择一个小鱼角色，小鱼有各种造型，我们只需要给一个角色编程，然后复制角色并改变造型，就能生成各种样子的小鱼。

程序有3种基本结构，本书的一级部分介绍了顺序结构，二级将介绍另外两种结构——循环结构和选择结构。我们先来看看什么是循环，循环就是一遍又一遍重复做一件事情。

如图7-1所示，点击舞台区的 ▶，小鱼向前移动一点（10步）。

图7-1 小鱼向前移动一点

如果想让小鱼一直往前游动，可以选择"重复执行"指令积木，把程序修改为图7-2所示的样子，再点击 ▶，小鱼就可以往前一直游了。

> **说明**
>
> 在有些图形化编程环境中，控制程序运行的按钮会是一个图像，如绿色的旗子（▶）或向右的箭头（▶）。本书后文所涉及的控制程序运行的按钮均将 ▶ 作为示例。

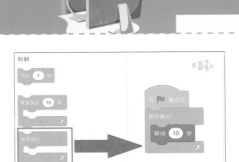

图7-2 重复执行"移动10步"指令积木

> **说明**
>
> 1. "重复执行"指令积木是一种特殊的、会一直重复的指令积木。具体的说明等后文介绍逻辑条件的时候我们再展开。
> 2. 风车项目也可以通过这个指令积木实现风车一直转动。

但是小鱼会一直游到舞台边缘然后消失,所以要在"移动10步"指令积木的下面添加"碰到边缘就反弹"指令积木,同时为了防止小鱼碰到舞台边缘变成肚皮朝上的样子,还需要在程序开始后加入"将旋转方式设为左右翻转"指令积木,程序如图7-3所示。

图7-3 让小鱼一直游动

> **说明**
>
> 1. 前文介绍过"移动××步"指令积木的移动方向是和角色面向的方向(以角度表示)相关的,因此"碰到边缘就反弹"指令积木可以理解为是对角色面向的方向(以角度表示)的修改。具体的说明等后文介绍程序选择结构的时候我们再展开。
> 2. "将旋转方式设为左右翻转"指令积木可以理解为对图像进行左右镜像的处理。

循环结构的流程图如图7-4所示，重复执行A、B两个框内的程序。

根据循环结构的流程图，小鱼游来游去的流程图如图7-5所示。

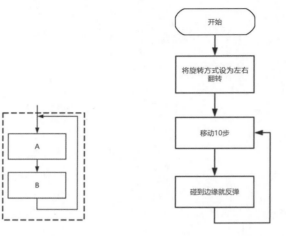

图7-4 循环结构的流程图　　图7-5 小鱼游动的流程图

本节知识点

1. 了解什么是循环结构，学会画循环结构流程图。

2. 学会使用"碰到边缘就反弹"指令积木。

扩展练习

1. 加入水母角色，让它一边游动，一边变换颜色。

2. 加入音效。

第 8 节　超人飞行

　　二级的第二个项目是"超人飞行"，这个项目主要利用相对运动的物理原理，让小猫超人飞起来。角色方面，选择飞行的小猫角色，另外再添加两个角色——建筑物和白云。舞台背景可以是白色的，也可以用填充工具绘制一个蓝色渐变色背景。

　　在这个项目中，我们主要控制的是建筑物角色，通过移动它来实现小猫飞行的效果。为了让小猫看起来向右飞行，如图8-1所示，我们需要让建筑物从右向左移动。

图8-1　超人飞行

　　舞台区的坐标可以参考图8-2，x坐标的最大值为240，最小值为-240；y坐标的最大值为180，最小值为-180。舞台区中的任意一个点都可以用(x,y)这种形式表示出来。

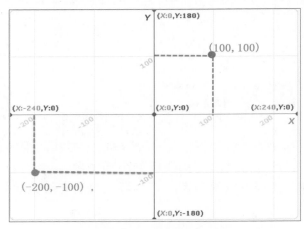

图8-2 舞台区的坐标

角色的每个造型都有一个中心点，中心点的坐标就是角色的坐标，如图8-3所示，红色箭头指向的就是角色造型的中心点，默认情况下，它隐藏在角色造型下面，只有把角色造型移走才能看到。

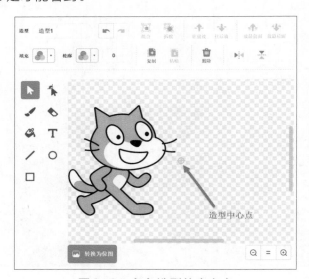

图8-3 角色造型的中心点

我们首先将建筑物角色放到舞台区的最右侧，因为我们希望建筑物角色看上去是从屏幕外移动进来的，所以这里设置的x坐标是340，y坐标就是建筑物角色当前的坐标-27（以实际情况为准）。

接着添加"在1秒内滑行到x:0 y:0"指令积木，我们把要滑行到的位置设定为最左侧，所以x坐标就变为-340，y坐标保持不变（-27）。时间可以调整，时间值越大，小猫角色的飞行速度越慢，这里设定为1.5秒，如图8-4所示。

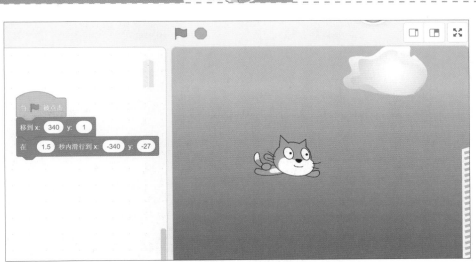

图8-4 小猫角色从左向右移动，就是建筑物角色从右向左移动

　　建筑物角色需要不断地从最右端移动到最左端，只需要在上面程序的基础上，加入"重复执行"指令积木，如图8-5所示。

图8-5 建筑物角色重复移动的程序

　　"移到最前面"指令积木和"将角色移动到某一层"指令积木会影响角色在舞台上的遮盖顺序，决定了在重叠区域优先显示哪个角色。为了让小猫角色不被建筑物角色遮挡，需要给小猫角色加入"移到最前面"指令积木，程序如图8-6所示。

图8-6 小猫角色移动到最前面的程序

说明

"在1秒内滑行到x:0 y:0"指令积木可以理解为多个"移动到具体的坐标位置"指令积木和"等待"指令积木的顺序叠加,例如图8-4中的程序就可以使用图8-7所示的形式进行表示。

图8-7所示的程序运行起来可能没有图8-4所示的程序运行起来平滑,这是因为图8-7所示的程序分割的时间间隔比较大,如果想达到图8-4所示的程序的运行效果,那么需要减少每次等待的时间,并且也要调整相应移动的距离。因此,可以认为"在1秒内滑行到x:0 y:0"指令积木通过计算机线性地划分角色在每个小的时间段内移动到的具体位置。

图8-7所示的程序只改变了x坐标,这是因为角色在y轴上没有移动。

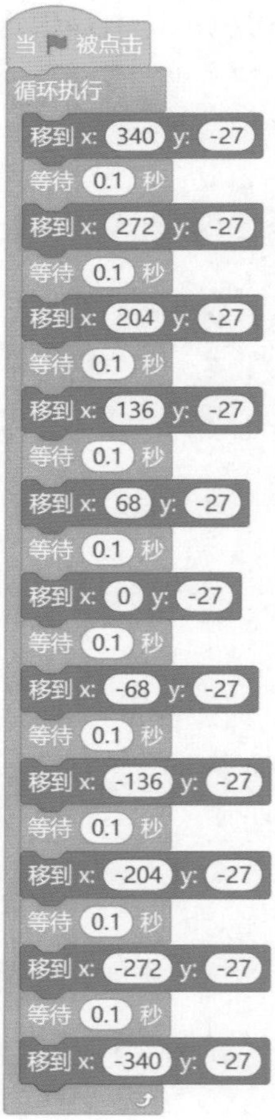

图8-7 "在1秒内滑行到
x:0 y:0"指令积木的另外一
种表示形式

　　将建筑物角色的程序复制给白云，修改白云角色的 y 坐标为138，白云的运动速度慢，将滑行时间修改为4秒，如图8-8所示。

图8-8　白云角色重复移动的程序

本节知识点

　　1．了解坐标、角色造型中心点的概念。

　　2．了解舞台区最左侧、最右侧的坐标范围。

　　3．理解图层的概念。

扩展练习

　　1．加入更多造型不一样的建筑物角色。

　　2．加入背景音乐。

第9节　星际迷航

二级的第三个项目是"星际迷航"，火箭慢慢飞向地球，由近及远，越来越小，到达地球后消失，同时，一个宇航员小猴子在太空中一圈又一圈地转动着，效果如图9-1所示。

图9-1　星际迷航

从角色库中选择3个角色：火箭、地球和小猴子。修改小猴子角色的造型，加入一个白色椭圆，代表宇航员的氧气头盔。当程序开始时，火箭角色的初始位置在舞台区的左下角，小猴子角色在舞台区的中部，地球角色在舞台区的右上角。将火箭角色、地球角色、小猴子角色拖动到它们的初始位置，拖动后火箭角色的坐标为（-147,-113），地球角色的坐标为（182,126），小猴子角色坐标为（-94,22），如图9-2所示。

图 9-2　角色坐标自动更新

调整火箭角色造型的方向，使火箭头朝向地球角色。火箭角色实现的功能是点击 ▶ 后，设置角色大小为 50，然后不断地将火箭角色的大小缩小 0.5（增加 -0.5）。同时火箭角色要从舞台区的左下角向地球角色的方向滑行，并在到达地球角色时消失。火箭角色的程序如图 9-3 所示。

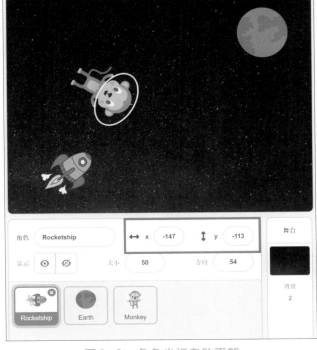

图 9-3　火箭角色的程序

小猴子角色的程序实现的功能是点击 🏳 后，将角色大小设为60，重复旋转。小猴子角色的程序如图9-4所示。

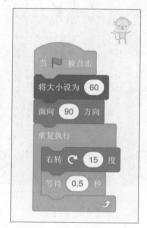

图9-4　小猴子角色的程序

本节知识点

1. 学会设置角色大小、增大或缩小角色。

2. 学会调整角色造型的方向。

扩展练习

1. 增加一个星星角色，让它重复变大、变小。

2. 加入火箭飞行的音效。

第 10 节　景区伴游

　　我们之前用到的程序结构是顺序结构和循环结构，指令积木是依次执行的，在顺序上没有变化，执行完第一个指令积木，再执行下一个，直到整个程序结束。但是在很多场景中，我们需要改变程序的执行顺序，这种结构叫作选择结构。选择结构对应的指令积木一般有两个，如图 10-1 所示。

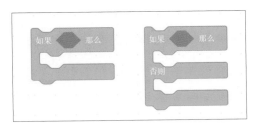

图 10-1　选择结构对应的指令积木

　　其中"如果××那么××"是一个做决定的指令积木。它根据条件测试后的结果决定是否执行一段代码。其对应的流程图如图 10-2 所示。

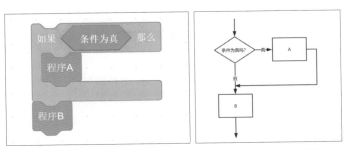

图 10-2　"如果××那么××"指令积木的流程图

　　使用"如果××那么××否则××"指令积木，条件为真执行"那么"后的程序 A；条件为假执行"否则"后的程序 B，不管执行完程序 A 还是程序 B，都会继续向下执行程序 C。其对应的流程图如图 10-3 所示。

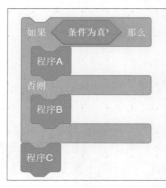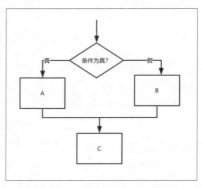

图 10-3 "如果 × × 那么 × × 否则 × ×"指令积木的流程图

> **说明**
> 前文提到的"重复执行"指令积木就是当条件一直为真的循环结构指令积木。

本章我们实现一个"景区伴游"的项目，如果将鼠标指针移到景区的建筑物上，就会出现相应的提示信息。项目程序利用"如果 × × 那么 × ×"指令积木，建筑物角色的程序流程图如图 10-4 所示。

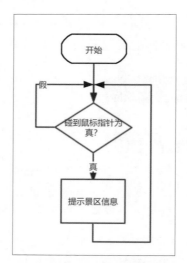

图 10-4 景区伴游项目程序流程图

本例中以故宫来举例，首先需要到网上找一个故宫的平面图，故宫博物院的官方网站上就有这样的素材。然后，导入素材作为背景。接着我们要针对需要说明的建筑物制作角色，为了保证这个建筑物指向的精确性，最好制作 PNG 格式的有透明通道的图片。图片制作好后，将其上传到图形化编程环境中。这里只上传了一个午门的角色，如图 10-5 所示。

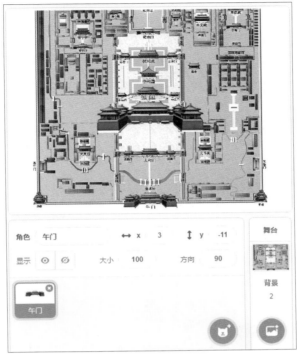

图 10-5　上传午门角色

　　根据背景的内容调整角色的大小和位置。在程序区放置"当 ▶ 被点击"和"重复执行"指令积木，如图 10-6 所示。

图 10-6　加入"重复执行"指令积木

　　我希望当鼠标指针移动到午门的时候，午门这个角色会放大，同时会弹出几句介绍文字，持续一段时间之后，文字消失，午门也变回原来的大小。为了实现这些功能，就需要检测鼠标指针是否移动到了角色上。

　　拖曳"如果××那么××"指令积木到"重复执行"的指令积木当中，条件是"碰到鼠标指针？"，如图 10-7 所示。

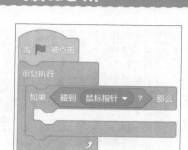

图 10-7　加入判断语句

　　角色碰到鼠标指针后的操作是，先将角色大小增加20，然后说"我是紫禁城的正门"，之后说"午门居中向阳，位当子午，故名午门"。想说几句话就添加几个指令积木。最后要将角色大小复原。程序如图10-8所示。

图 10-8　景点介绍和大小变化的程序

　　大家可以按照相同的方法完成太和门、太和殿、中和殿、保和殿等建筑的说明指引。在制作过程中，你可以体会一下带透明通道的PNG图片和不带透明通道的其他图片在应用上有什么不同。另外还可以试着加上语音引导。

本节知识点

　　1. 学会画选择结构流程图。

　　2. 学会"如果××那么××"指令积木的使用方法。

扩展练习

　　1. 完成太和门、太和殿、中和殿、保和殿等建筑的说明指引。

　　2. 加入语音引导。

第 11 节　老鼠循线

本节我们做一个循线小游戏：从蛋糕运输车上掉落了很多蛋糕，小老鼠循着运输车走过的路线，把所有的蛋糕找到并吃掉。首先需要绘制一条黑色的轨迹，作为小老鼠要检测的路线，如图 11-1 所示。

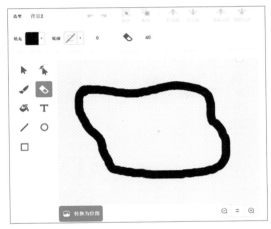

图 11-1　绘制黑色轨迹

接着需要选择一个小老鼠角色，并在小老鼠角色脸上画两个不同颜色（红色和绿色）的点作为传感器，如图 11-2 所示。

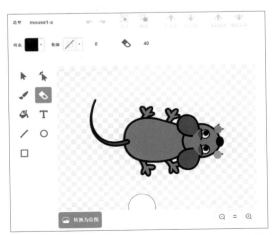

图 11-2　为小老鼠角色添加两个不同颜色的点作为传感器

另外需要增加多个蛋糕角色，将蛋糕角色大小设定为30，把它们放置到黑色轨迹上，如图11-3所示。

图11-3　在黑色轨迹上放置多个蛋糕角色

程序部分，首先给小老鼠角色编程，把它放在黑色轨迹上，设置初始位置和初始方向，如图11-4所示。

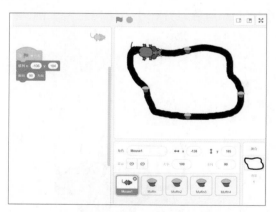

图11-4　设置小老鼠角色的初始位置和方向

重复执行向前移动，如果左边红色传感器碰到黑线，向左旋转5°；如果右边绿色传感器碰到黑线，向右旋转5°。移动的步数和旋转的度数根据黑色轨迹的形状和粗细决定，需要不断地测试才能得到。小老鼠角色的程序如图11-5所示。

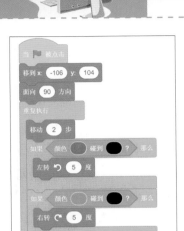

图 11-5　小老鼠角色的程序

　　所有蛋糕角色的程序都一样，程序开始后，一直检测是否碰到了小老鼠角色，如果碰到了，蛋糕角色就隐藏起来。蛋糕角色的程序如图 11-6 所示。

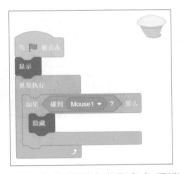

图 11-6　蛋糕角色碰到小老鼠角色后消失的程序

　　到这里，这个小老鼠循线找蛋糕的程序就完成了。

本节知识点

　　1. 学会侦测某种颜色是否碰到另一种颜色。

　　2. 理解循线原理。

　　3. 学会改变参数、调试程序。

扩展练习

　　1. 加入小老鼠吃掉蛋糕的声音特效。

　　2. 在两个传感器中间再加入一个传感器，让小老鼠始终在黑线上。

第 12 节　带球练习

　　本节我们做一个"带球练习"的小游戏：小猫沿着屏幕的水平方向移动，当小猫碰到足球时，足球会向前移动一点。我们使用一张足球场地的图片作为背景，同时添加两个角色——足球和小猫，如图 12-1 所示。

图 12-1　添加背景、小猫角色和足球角色

　　调整小猫角色和足球角色的大小，并将两者放在合适的位置。

　　我们先来完成小猫角色的程序。在程序区放置"当 ▶ 被点击"指令积木和"重复执行"指令积木，然后拖曳两个"如果××那么××"指令积木到"重复执行"指令积木中。这里我们要分别判断是否按下了方向左键和方向右键，因此两个"如果××那么××"指令积木的条件分别为"按下←键？"和"按下→键？"，如图 12-2 所示。

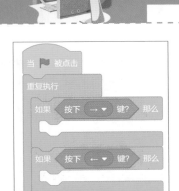

图 12-2　添加两个选择结构

当按下←键的时候，角色面朝左侧，同时向左移动 10 步（即 x 坐标增加 -10）；当按下→键的时候，角色面朝右侧，同时向右移动 10 步（即 x 坐标增加 10）。为了保证小猫角色不会变成头朝下的样子，我们还要在程序开始时加入"将旋转方式设为左右翻转"指令积木，如图 12-3 所示。

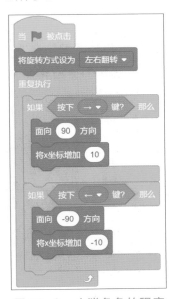

图 12-3　小猫角色的程序

接着来完成足球角色的程序。足球角色是被小猫角色碰到之后才移动的，所以程序中要判断足球角色是否碰到了小猫角色，如果碰到了，足球就向前移动，需要添加"移动 10 步"指令积木和"碰到边缘就反弹"指令积木。因为足球角色在移动的时候幅度要比小猫角色移动的幅度大，所以足球角色程序中的移动步数要改为 50，如图 12-4 所示。

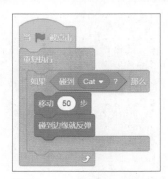

图 12-4　足球角色的程序

到这里，"带球练习"小游戏就算完成了。现在我们回到小猫角色的程序，针对判断按键是否被按下的操作，有些图形化编程环境中有专门的指令积木，如图 12-5 所示。

图 12-5　图形化编程环境中专门判断按键是否被按下的指令积木

如果使用这种指令积木，需要将我们希望按下按键后执行的操作连接在这种指令积木下面。对于"带球练习"小游戏来说，使用这种指令积木完成的程序如图 12-6 所示。

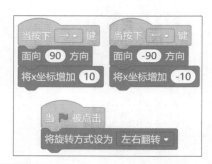

图 12-6　使用专门判断按键是否被按下的指令积木完成的小猫角色的程序

最后来说一下"碰到边缘就反弹"指令积木，这个指令积木实际上是"碰到边缘"指令积木与角色面向方向的变化相结合的操作，如果以角色在 x 轴方向水平运动来说，那么"碰到边缘就反弹"指令积木可以看成图 12-7 所示的程序。

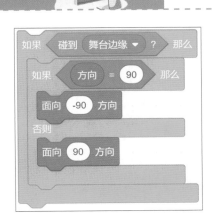

图 12-7　角色在 x 轴方向水平运动时，"碰到边缘就反弹"指令积木的等效程序

本节知识点

1. 学会处理按键被按下的操作。

2. 学会使用"将 x 坐标增加 xx"指令积木实现角色的水平移动。

扩展练习

1. 为足球角色增加弧线运动的动画效果。

2. 为小猫角色增加跳跃的动作，这个动作由↑键来触发。

第 13 节　迷宫寻宝

　　本节我们制作一个"迷宫寻宝"的游戏。先绘制迷宫，用键盘控制小猫角色上、下、左、右移动，让它穿过迷宫，最终找到宝藏。

　　首先我们来绘制一个黑白迷宫，迷宫中红色矩形代表宝藏，如图 13-1 所示。

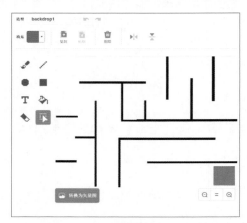

图 13-1　绘制迷宫与宝藏

　　将小猫角色的大小设定为 40。程序开始时，让小猫角色移到迷宫入口处，然后用键盘按键来控制小猫角色上、下、左、右移动。在舞台上，角色向右移动，x 坐标变大；角色向左移动，x 坐标变小；角色向上移动，y 坐标变大；角色向下移动，y 坐标变小。用键盘控制小猫角色移动的程序如图 13-2 所示，用键盘 ↑、↓、←、→ 键就可以控制小猫角色移动了。

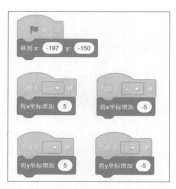

图 13-2　用键盘按键控制小猫角色移动的程序

小猫角色如果碰到黑色（墙壁），则回到迷宫起点位置；如果碰到红色（宝藏），则说一句"找到了！"，相关程序如图13-3所示。

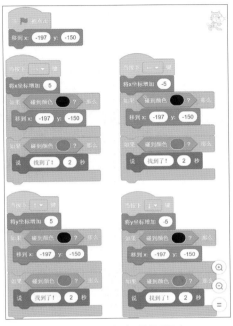

图13-3　颜色侦测程序

为了提高游戏的难度，我们加入一个幽灵角色，它在迷宫里自动地走来走去，如果小猫角色不小心碰到幽灵角色，会回到迷宫的起点位置。

在调整程序之前，我们先来了解一下比较运算符和逻辑运算符。图形化编程环境中有3种基本的比较运算符，如表13-1所示。

表13-1　3种基本的比较运算符

运算符	含义	举例
> 50	比较前一个数值是否大于后一个数值	5 > 6 5大于6吗？结果为假
< 50	比较前一个数值是否小于后一个数值	3 < 4 3小于4吗？结果为真
= 50	比较2个数值是否相等	2 = 2 2等于2吗？结果为真

表13-1中的指令积木都是六边形的，表示这些指令积木的结果为布尔值（真或者假）。

图形化编程环境中有3种基本的逻辑运算符，如表13-2所示。

表13-2　3种比较基本的逻辑运算符

运算符	含义	举例
与	当两个条件都为真时，结果为真	5 > 6 与 3 < 4 结果为假
或	当两个条件有一个为真时，结果为真	5 > 6 或 3 < 4 结果为真
不成立	当条件为假时，结果为真	2 = 2 不成立 结果为假

将幽灵角色的大小设定为30，让它在迷宫中自动地走来走去，程序如图13-4所示。

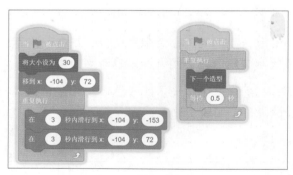

图13-4　幽灵角色的程序

图13-5　让幽灵角色随机出现在舞台区的任意位置的程序

也可以让幽灵角色随机出现在舞台区的任意位置，并在位置上停留2秒，对应的程序如图13-5所示。此部分，只需要了解随机的概念即可。

如果小猫角色碰到黑色或者幽灵角色（用到了逻辑或运算符），会回到迷宫的起始位置，程序如图13-6所示。

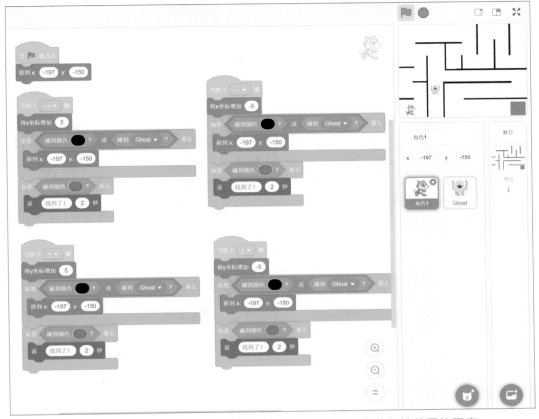

图 13-6　小猫角色碰到黑色或者幽灵角色会回到迷宫的起始位置的程序

本节知识点

1. 学会使用键盘控制角色。

2. 学会通过修改坐标实现角色水平、垂直运动。

3. 学会使用与颜色侦测相关的指令积木。

4. 了解逻辑运算与比较运算。

扩展练习

1. 当小猫角色碰到黑色、红色时，播放不同音效。

2. 绘制多个迷宫，当小猫找到宝藏后，切换下一个迷宫。

第14节 绘制多边形

本节我们使用画笔绘制多边形。图形化编程环境中，每一个角色都有一支看不见的画笔，这支笔有两种状态：抬起或落下。如果画笔当前的状态是落下，当角色移动时，角色运动的轨迹就能被画出来。我们还可以设置画笔的属性，如颜色、粗细。反之，如果画笔的状态是抬起，角色移动时就不会留下任何轨迹。

我们先来绘制一个正五边形，如图14-1所示。

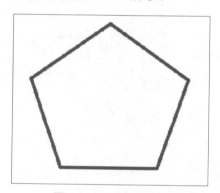

图14-1　正五边形

绘制正五边形就是让角色移动一段距离，然后旋转一定的角度；再移动一定距离，再旋转一定角度……重复这样的操作5次就可以了。这其中的关键就是移动多少步、每次旋转角度是多少。为了说明这两个问题，我们修改一下图14-1所示的图形，加上图14-2所示的辅助线。

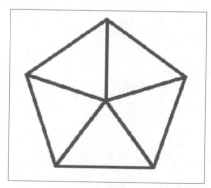

图14-2　给正五边形加入辅助线

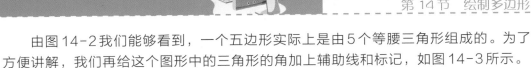

由图14-2我们能够看到，一个五边形实际上是由5个等腰三角形组成的。为了方便讲解，我们再给这个图形中的三角形的角加上辅助线和标记，如图14-3所示。

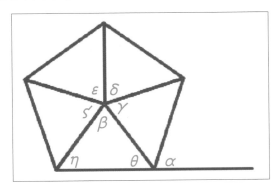

图14-3　为正五边形做标记

我们以最下面这个三角形为例进行介绍，首先5个三角形对在一起的角凑在一起刚好是一圈，即∠β、∠γ、∠δ、∠ε、∠ς 加在一起是360°，所以：

∠β=∠γ=∠δ=∠ε=∠ς =360° /5=72°

又因为每个三角形都是等腰三角形，所以∠η=∠θ，而三角形3个内角和是180°，即：

∠β+∠η+∠θ = 180°

于是我们知道：

∠θ=（180°－∠β）/2 = 54°

同理可知∠α和∠θ之间的夹角也是54°，所以∠α就等于72°，这个角度和三角形中对在一起的角的角度相同。这个角度就是角色每次要转动的角度。至于移动的距离，就要看我们希望正五边形在屏幕上占据多大的面积了。

我们如果设定移动的距离为100步，则绘制五边形的步骤为：

（1）落笔；

（2）移动100步，左转72°；

（3）移动100步，左转72°；

（4）移动100步，左转72°；

（5）移动100步，左转72°；

（6）移动100步，左转72°；

（7）抬笔。

从第（2）步到第（6）步，重复执行5次，每次移动100步，左转72°，绘制正五边形的程序流程如图14-4所示。

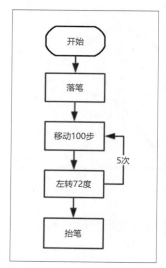

图14-4 绘制正五边形的程序流程图

根据图14-4，开始编写绘制正五边形的程序，如图14-5所示。

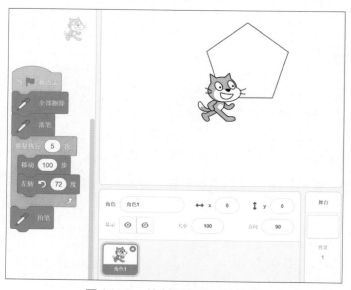

图14-5 绘制正五边形的程序

按照同样的计算方式，我们能够知道如果绘制正六边形，转动的角度就是60°。我们还是让角色每次移动100步，则程序及显示的图形如图14-6所示。

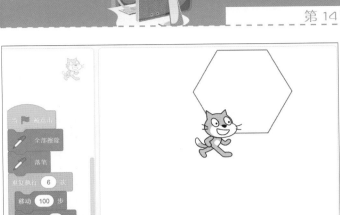

图 14-6　绘制正六边形的程序

> **说明**
>
> 这里使用的循环一定次数的"重复执行"指令积木我们在第三部分会详细介绍，本章绘制多边形的程序使用一直重复的"重复执行"指令积木也能实现。

本节知识点

1. 学会使用"落笔"指令积木和"抬笔"指令积木。
2. 学会多边形角度的计算方法。

扩展练习

1. 设置画笔颜色。
2. 设置画笔粗细。

第三部分：青少年图形化编程三级

中国电子学会全国青少年软件编程等级考试图形化编程三级的要求如下。

掌握图形化编程环境的高级功能，可以应用随机数、变量、逻辑运算与关系运算的组合，解决实际问题。考查对选择语句、循环语句的嵌套使用，以及运用循环结构简化多次反复操作的理解程度。考查多种情况的逻辑处理能力和交互控制能力。

具体包括以下两方面能力要求。

1. 掌握编程环境的高级功能。

- 掌握新建、删除变量的操作方法。
- 掌握设定变量值以及在舞台区显示、隐藏变量的操作方法。
- 掌握逻辑运算与关系运算的组合使用方法。
- 掌握运用循环结构简化多次反复操作的方法。
- 掌握并应用数学运算指令积木。

2. 理解并在程序中使用随机数和变量。

- 能够灵活应用随机数。
- 理解变量的概念，理解变量的作用域。
- 掌握通过变量的变化让程序跳转到不同部分的操作方法。
- 在程序中使用不同条件选择语句的嵌套。
- 在程序中使用循环语句嵌套。
- 在程序中根据选择语句的真假跳出循环。
- 掌握循环语句、选择语句嵌套的综合运用方法。

三级最少包含以下指令积木。

■ 取随机数：`在 ⬭ 到 ⬭ 之间随机取一个数`

■ 设定变量的值（在图形化编程环境中有创建变量的菜单或按钮）：

`将变量 ⬭ 的值设为 ⬭`

■ 显示变量：`显示变量 ⬭`

■ 隐藏变量：`隐藏变量 ⬭`

■ 加：`⬭ + ⬭`

■ 减：`⬭ - ⬭`

■ 乘：`⬭ × ⬭`

■ 除：`⬭ ÷ ⬭`

■ 求余：`⬭ % ⬭`

■ 获取用户输入（会在舞台中弹出一个文本输入框）：`获取用户输入`

■ 获取系统时间（通过下拉菜单可以选择年、月、日、时、分、秒）：`系统时间（年）`

第15节 幸运大转盘

本节我们制作一个幸运大转盘抽奖小游戏，其中会用到随机数功能。"取随机数"指令积木的两个参数定义了随机数的取值范围，运行这个指令积木，可以随机产生两个参数之间的任一个数。如果其中一个参数为小数，那么程序执行后取得的是一个有小数的随机数。在幸运大转盘的程序中，转盘转动的次数是一个1~300的随机数。

第一步，我们先建立一个转盘角色。这个转盘我们稍微简化一些，只分为4个区域，4个区域分别用不同的颜色填充，完成后如图15-1所示。

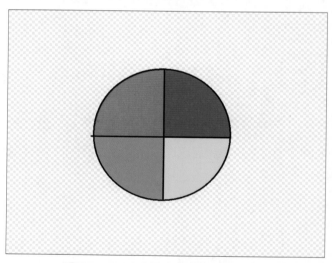

图15-1 建立转盘角色并填充颜色

第二步，转盘角色绘制完成之后，我们再来实现随机转动的效果。我们要实现的功能是点击 ▶ 后，转盘会随机地转动一个角度。为此，我们需要新建一个变量"次数"，在程序刚开始时，将随机数赋值给变量"次数"，之后转盘角色每转动15°就将变量"次数"的值减少1，当值为0时，转盘角色停止转动。完成后的程序如图15-2所示。

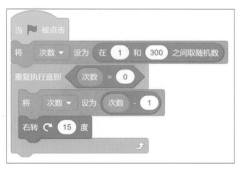

图 15-2　转盘随机转动的程序

　　此时当我们点击 ▶ 时，转盘角色就会开始绕中心旋转，然后随机地停在一个位置上。

　　在上一节中，程序中使用了循环一定次数的"重复执行"指令积木，这里同样可以使用这个指令积木，对应的程序如图 15-3 所示。图 15-2 所示的程序实际上就是循环一定次数的"重复执行"指令积木执行的过程——使用变量记录循环了几次，当循环次数与设定的次数一致时跳出循环。另外，图形化编程环境中通常还会提供"将××增加××"指令积木，如图 15-4 所示，这个指令积木用于有规律地改变一个变量的值，当这个指令积木中的参数为正数时，变量将会按照参数有规律地增加；当这个指令积木中的参数为负数时，变量将会按照参数有规律地减少。

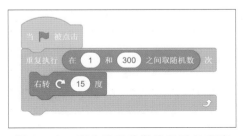

图 15-3　简化的转盘随机转动的程序

图 15-4　"将××增加××"指令积木

　　第三步，我们需要判断转盘转动后的中奖情况，也就是判断转盘的角度或方向。生活中的大转盘都会有一个指针，当转盘停止旋转时，指针所指的区域就是中奖内容，所以这里我们添加一个用来指示的角色（箭头角色，如图 15-5 所示）。另外，为了直观地看到转盘目前的旋转角度，我们可以在舞台区显示转盘每次旋转的角度。

邮电

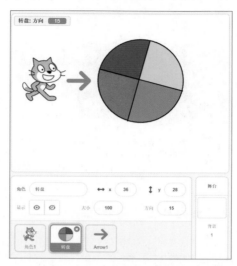

图15-5　添加箭头角色

目前程序还未更改，我们点击 🏳 ，让转盘转动几次。

第四步，我们来完善程序。因为我们这个转盘比较特殊，只分了4个区域，所以相当于每90°划分一个区域，我们可以以0°为一个分界线，对两边的角度分开判断，这样就能对应这4个区域。当转盘停止旋转时，直接根据这4个区域来判断，我们可以直接让转盘告诉我们中奖情况，这里我们有3种中奖情况，分别是抽中了大冰箱、大彩电、手机，还有未中奖。更改后的程序如图15-6所示。

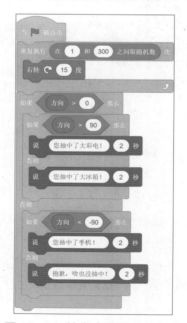

图15-6　转盘中奖情况的程序

这个程序中，我们应用的都是"如果××那么××否则××"指令积木，即每次判断都有两个分支。这种结构在程序中有一个专有的名词叫二叉树，这是因为这样的结构画出来之后像一棵树的样子，如图15-7所示。

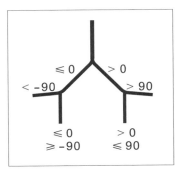

图15-7　二叉树结构示意图

程序完成后，我们就可以来试试了，运行时效果如图15-8所示。其中红色对应抽中了大冰箱，黄色对应抽中了手机，绿色对应抽中了大彩电，蓝色对应未中奖。

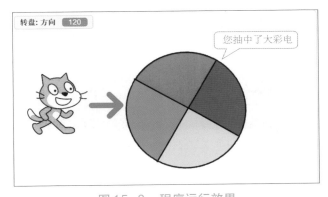

图15-8　程序运行效果

本节知识点

1. 学会使用"取随机数"指令积木产生随机数。

2. 理解条件嵌套：二叉树。

3. 学会创建变量。

扩展练习

1. 为项目加入音效和配音。

2. 为项目加入更多抽奖方案。

第 16 节　天上掉馅饼

这个程序需要实现的功能是：舞台上方不断向下掉落馅饼和石头，一个碗在屏幕下方跟随鼠标水平移动，如果碗接到馅饼，加10分；如果碗接到石头，游戏结束。

我们用到的角色有用来移动的碗角色、天上掉下来的馅饼角色和石头角色。注意角色的大小和位置，同时我们把背景换成了天空，如图 16-1 所示。

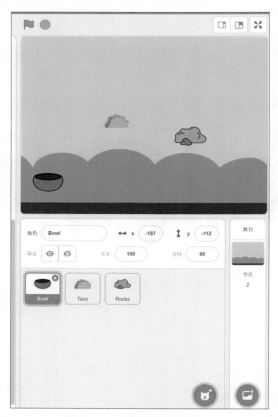

图 16-1　选择角色和背景

碗角色随着鼠标指针水平移动，因此这里要使用变量"鼠标的x坐标"，碗角色的程序如图 16-2 所示。

图 16-2　碗角色随着鼠标指针水平移动的程序

　　馅饼角色的程序是本章中的重点，首先要实现的功能是让这个角色要从上往下移动，到达最底部之后会重新出现在上面的随机位置。老规矩，我们先放置一个"当▶被点击"和一个"重复执行"指令积木。

　　从上往下移动的实质就是让角色的 y 坐标不断减小，所以这里添加的是"将 y 坐标增加 -10"指令积木。之后要进行一个判断，如果馅饼角色碰到舞台边缘，就移动到一个随机位置。大家可能会觉得这和碗角色的程序有点像。

　　在碗角色的程序中，"移到 x:0 y:0"指令积木中的 x 坐标是鼠标指针的 x 坐标，而馅饼角色的 x 坐标是一个随机数。因为屏幕的 x 坐标取值范围是 -240 ～ 240，我们刨去馅饼角色的宽度，所以随机数的取值范围是 -206 ～ 210，程序如图 16-3 所示。

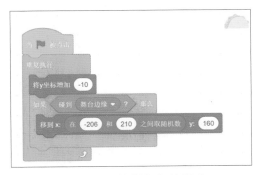

图 16-3　馅饼角色的程序

　　下一步就需要来处理馅饼碰到碗的情况了，这里我们建立一个计分的变量，当碗接住馅饼的时候，就将这个变量增加 10。新建了变量之后，在程序中添加一个"如果 × × 那么 × ×"指令积木，此处的条件是"碰到 Bowl ？"（Bowl 是碗角色的名字）。当馅饼碰到碗的时候，要将馅饼角色移动到上面的随机位置，同时要将分数变量的值增加 10，程序如图 16-4 所示。

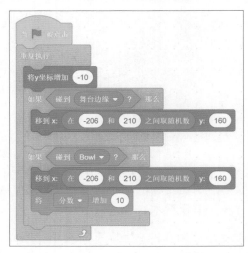

图 16-4　馅饼角色的新程序

目前我们的石头还不能动，不过已经能玩了。点击 🚩 运行试试，看看你能接住多少个馅饼。

重新开始玩的时候，你会发现变量的值不会清零。要实现重新开始玩时分数清零，可以在"重复执行"指令积木前加上一个"将分数设为0"指令积木，如图 16-5 所示。

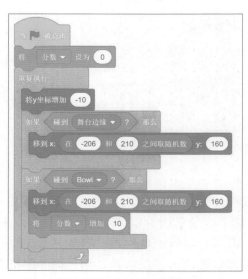

图 16-5　添加分数清零的指令积木

最后来完成石头角色的程序，这个角色的程序和馅饼角色的程序类似，只是在它碰到碗的时候不是增加分数，而是提示用户"碗漏了，游戏结束！"。这个内容要使用"停止全部脚本"指令积木，如图 16-6 所示。

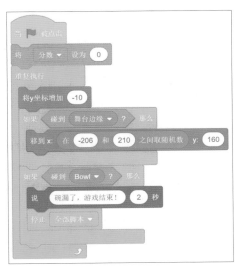

图 16-6 完成石头角色的程序

这样，这个例子中的所有程序都完成了，大家可以再增加几个馅饼这样的角色，让程序更好玩一些。

本节知识点

1. 学会应用随机数。

2. 能够使角色在水平方向或垂直方向随机移动。

扩展练习

1. 加入生命值变量，当生命值为0时，游戏结束。

2. 加入更多食物造型，每次下落，食物角色切换为随机造型。

第 17 节　超级马里奥

本节我们要实现一个像《超级马里奥》中控制角色那样的操作。按下键盘上的 ← 键，角色面向左边，然后向左移动；按下键盘上的 → 键，角色面向右边，然后向右移动；按下键盘上的空格键，角色会跳跃起来；当角色顶到砖块时，会把砖块中的金币顶出来。

添加小猫角色和字母 Z 角色（这里我用字母 Z 表示《超级马里奥》中的砖块），选择背景为墙，调整角色大小，如图 17-1 所示。

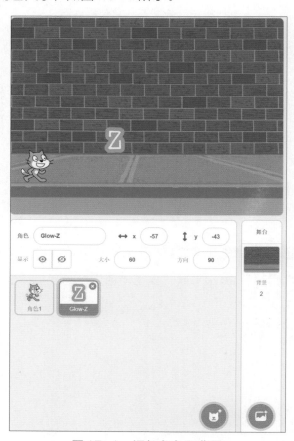

图 17-1　添加角色和背景

给小猫角色加入用键盘控制的程序，按下键盘上的 → 键，小猫角色面向 90 方

向（面向右），移动10步；按下键盘上的 ← 键，小猫角色面向-90方向（面向左），移动10步，这部分和带球练习中的程序类似。对应的程序如图17-2所示。

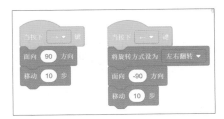

图17-2 用键盘控制小猫角色的程序

用键盘控制小猫角色走到字母Z角色下面，调整字母Z角色的位置，让小猫角色头顶离字母Z角色的下边缘有一些距离，如图17-3所示。

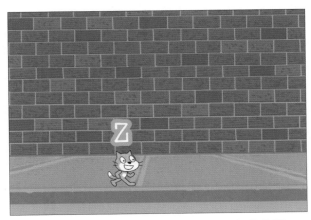

图17-3 调整小猫角色和字母Z角色的位置

当 ▶ 被点击时，小猫角色移到舞台左端的初始位置（-203，-91）。接着给小猫角色添加跳跃功能，当按下键盘上的空格键时，让小猫角色的 y 坐标增加40，程序如图17-4所示。

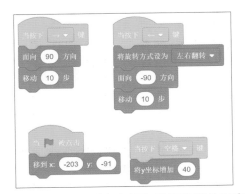

图17-4 给小猫角色添加跳跃功能的程序

当小猫跳起来的时候，为了有重力的效果，我们要让它一点点往下落。

这个程序我们要放到"重复执行"指令积木当中，"重复执行"指令积木还是放在"当 ▶ 被点击"指令积木之后。

这里重复执行"将y坐标增加–1"指令积木，不过需要一个条件，就是只有y坐标大于–91时才执行，程序如图17-5所示，而–91就可以认为是我们的地面y坐标。

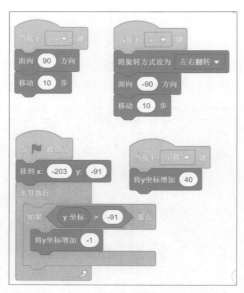

图17-5　小猫角色一点点下落的程序

当多次按下空格键时，我们会发现小猫角色有很好的"轻功"，这种"轻功"能让它在跳起的基础上接着往上跳，之所以会发生这种情况，是因为当小猫角色还没落地时，我们又按了空格键，此时小猫的y坐标又会增加40。

要调整这个问题，就需要当按下空格键时判断一下小猫角色是不是在地面上（y坐标为–91），程序如图17-6所示。

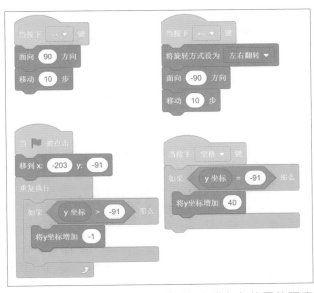

图 17-6　增加按下空格键时判断小猫角色位置的程序

当小猫角色移到字母 Z 角色下面时，我们按下空格键，会发现小猫角色跳到了字母 Z 角色的后面，如图 17-7 所示。这是我们需要优化的地方。

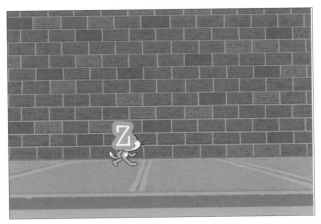

图 17-7　小猫角色跳到字母 Z 角色的后面

调整之后，当按下空格键时除了要增加 y 坐标的值，还要判断小猫角色是否碰到了字母 Z 角色，如果碰到了，就要调整小猫角色的 y 坐标，让其不能超过字母 Z 角色的下边缘的 y 坐标，程序如图 17-8 所示。

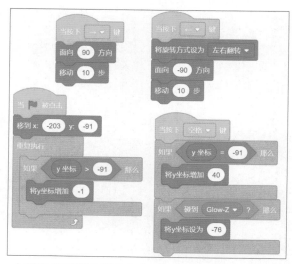

图 17-8　小猫角色碰到字母 Z 角色时，调整小猫角色的 y 坐标的程序

　　这里希望字母 Z 角色也有一个向上跳起来的效果，所以需要给它也增加一些程序。首先要考虑的就是字母 Z 角色什么时候执行向上跳的动作，这里我们新建一个变量"砖块"，变量的初始值为 0，当小猫角色碰到字母 Z 角色时，将这个变量的值设置为 1，程序如图 17-9 所示。

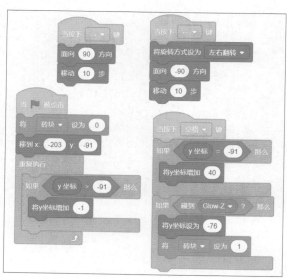

图 17-9　小猫角色碰到字母 Z 角色时，改变变量"砖块"的值的程序

　　同时在字母 Z 角色的程序中，要不断地检测变量"砖块"的值，当其值为 1 时，就实现向上移动并回到原位的效果，这里我用的是"在 x 秒内滑行到 x:0，y:0"指令积木。为了让效果更好，这里的时间我设定为 0.1 秒。而当字母 Z 角色完成

了向上跳一下的效果之后，再将变量"砖块"的值设为 0。字母 Z 角色的程序如图 17-10 所示。

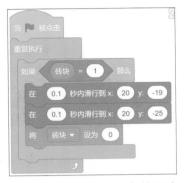

图 17-10 字母 Z 角色的程序

现在我们再来看一下这个过程，小猫角色和字母 Z 角色之间的联动是通过一个变量"砖块"完成的，当小猫角色碰到字母 Z 角色时，变量的值就会被改变，而字母 Z 角色检测到变量的值变化后，就执行对应的操作，然后将变量复位，等待变量的值的下一次变化。其实很多图形化编程环境中有一种专门传递信息的机制，这种机制被称为广播。本章如果采用广播的话，就不需要创建"砖块"这个变量了，只需要在小猫角色碰到字母 Z 角色时发送一个广播即可，对应的程序如图 17-11 和图 17-12 所示。广播对应的是"广播消息"指令积木和"当接收到消息"指令积木。

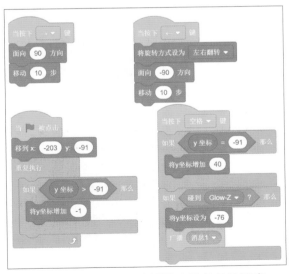

图 17-11 使用了广播的小猫角色的程序

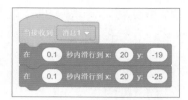

图17-12　接收到小猫角色广播的消息后字母Z角色执行对应操作的程序

最后我们再添加顶出金币的效果。由于我在角色库中没有找到金币角色，所以这里我用钻石角色来表示金币。程序方面，依然是当接收到消息之后进行处理。这里，在接收到消息之后，首先要将钻石角色移到最后面，目的是保证钻石角色在字母Z角色的后面。然后让钻石角色显示出来，并在0.3秒内滑行到x:20 y:26，之后将角色隐藏，回到原位，程序及实现的效果如图17-13所示。

图17-13　钻石角色的程序

本节知识点

1. 学会使用广播的相关指令积木。

2. 通过 y 坐标判断角色是否在地面，增大或减小 y 坐标，实现角色跳跃和自由落体运动。

扩展练习

1. 加入得分变量。

2. 加入敌人角色，实现当小猫角色碰到敌人角色就减分的效果。

第 18 节　打地鼠

本节我们来完成一个经典的"打地鼠"游戏，制作这个游戏需要用到随机数和广播。至于游戏规则，我就不多说了，下面直接开始制作的部分吧！

首先制作一个草地上有很多"洞"的背景，然后选取一个表示地鼠的角色，如图 18-1 所示。

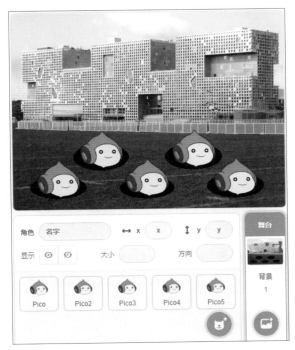

图 18-1　制作背景并选择角色

背景上有几个"洞"，就需要有几个表示地鼠的角色。每个"洞"放一只"地鼠"，这里使用 Pico 角色表示"地鼠"，这个角色有很多不同表情的造型。

程序方面，我们要设计一个定时的随机数广播，如图 18-2 所示。运行这个程序，程序会随机发送内容为 0、1、2、3 或 4 的消息。"地鼠"们要在接收到相应的数字之后显示 1 秒（因为广播的间隔时间为 1 秒），每个"地鼠"对应接收的消息不同，程序如图 18-3 所示。

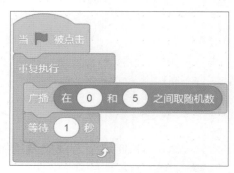 

图18-2　定时的随机数广播　　　　图18-3　"地鼠"们的程序

此时运行程序，就能看到一个个"地鼠"不断从洞里探出头的效果了。不过目前还没有实现"打"地鼠的效果。

由于我们用鼠标指针来"打"地鼠，当Pico角色碰到鼠标指针且鼠标按键是被按下的，程序就给Pico角色变换一个造型。修改后，"地鼠"们的程序如图18-4所示。相应地，当Pico角色隐藏的时候，程序就要将造型变换回去。

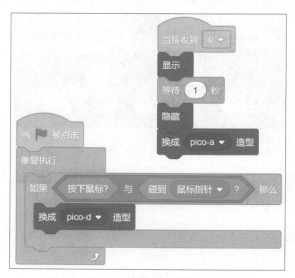

图18-4　修改后"地鼠"们的程序

理论上，现在这个游戏已经能正常玩了。不过一般是用大锤子打地鼠的，因此我们就来添加一个锤子角色。锤子角色需要有抬起和落下两个造型，如图18-5所示。

锤子角色的程序逻辑比较简单，就是让锤子角色一直跟着鼠标指针移动，当鼠标按键被按下时切换到落下的造型；当鼠标按键没有被按下时，切换到抬起的造型，对应的程序如图18-6所示。

图 18-5　锤子角色需要有抬起和落下两个造型

图 18-6　锤子角色的程序

这样整个游戏的效果就实现了。

说明

1.“移到鼠标指针”指令积木相当于“移到 x: ×× y: ××”指令积木中的 x 坐标和 y 坐标分别为变量“鼠标的 x 坐标”和“鼠标的 y 坐标”。

2. 很多图形化编程环境中有一个专门的指令积木，用来判断角色是否被点击，其实现的功能就和图 18-4 中的一样，判断鼠标按键是否被按下以及角色是否碰到了鼠标指针。如果利用专门的指令积木完成图 18-4 所示程序的功能，则如图 18-7 所示。

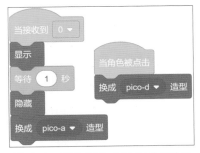

图 18-7　利用“当角色被点击”指令积木来实现“地鼠”们的程序

本节知识点

1. 新建角色并增加造型。

2. 学会使用“广播在 ×× 和 ×× 之间取随机数”指令积木来发送随机数。

扩展练习

1. 加上一个计分的变量，统计一下自己打了多少只“地鼠”。

2. 增加一个“打”了就减分的角色。

3. 增加音效。

第 19 节　抓螃蟹

在上一节中，我们通过复制角色增加了多个"地鼠"角色，本节我们会换一种形式来实现复制角色的功能。

首先选择一个沙滩背景和一个螃蟹角色，如图 19-1 所示。

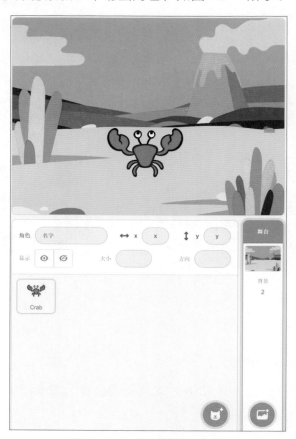

图 19-1　选择背景和角色

接着来看程序的部分。在这个游戏中，会有很多只螃蟹在沙滩上来回移动，因此螃蟹角色的程序如图 19-2 所示。

图 19-2　螃蟹角色来回移动的程序

因为希望螃蟹能够满屏跑，所以要将螃蟹角色面向的方向设定为91或92，然后将旋转方式设定为"左右翻转"。在完成一个螃蟹角色的程序后，我们通过克隆功能再复制几个螃蟹角色，克隆出来的角色可以执行单独的程序，对应的程序如图 19-3所示。

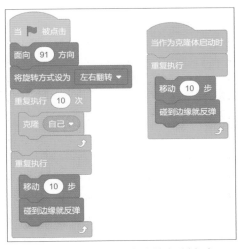

图 19-3　使用克隆功能复制角色

我克隆了10个螃蟹角色，程序中是通过重复执行10次"克隆自己"指令积木来完成的。这两段程序完成之后，运行的效果如图 19-4所示。

图 19-4　克隆后程序的运行效果

因为克隆出来的螃蟹角色会出现在原来螃蟹角色的位置，所以就出现了图 19-4 中所示的像排队一样的效果。这个游戏希望每个螃蟹角色能够出现在随机的位置，所以程序中要在克隆体启动时将克隆的螃蟹角色移动到一个随机的位置。修改之后的程序如图 19-5 所示。

图 19-5　将克隆的螃蟹角色移动到随机位置的程序

修改后再运行程序的效果如图 19-6 所示。

图 19-6　螃蟹角色出现在随机位置的效果

再之后，就需要完成"抓"螃蟹的操作了。这里先用鼠标完成这个交互环节，即当鼠标单击一个螃蟹角色时，这个螃蟹角色就从屏幕上消失。螃蟹角色的程序修改之后如图 19-7 所示。

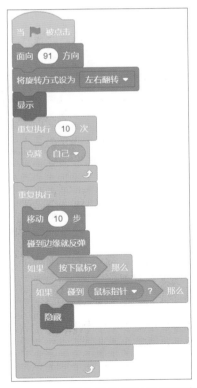

图 19-7　修改后螃蟹角色的程序

这里先来看"重复执行"指令积木中的程序，在"碰到边缘就反弹"指令积木之后，我们加了两个嵌套在一起的选择结构，第一个选择的条件是如果"按下鼠标？"；第二个选择的条件是如果"碰到鼠标指针？"，即当按下鼠标按键时检测是否单击在了角色上，如果是，就让角色"隐藏"。最后因为可能会执行"隐藏"指令积木，所以我们在程序的最开始要加上一个"显示"指令积木，以保证开始运行程序时，角色是出现的。

游戏的雏形已经能够看到了，再进行细化就需要了解一下规则了。这个游戏的规则是只有在一堆螃蟹当中抓住原始角色才算成功，抓住克隆体不算；刚开始时，你有5次机会，每抓住一个克隆体就减少一次机会（当然被抓住的克隆体也会消失），玩家需要在5次机会之内抓住原始角色。

基于以上规则，我们要建立一个变量，变量名为"机会"。然后完善两个程序（角色的程序和克隆体的程序），这里先把完善后的内容贴出来，如图19-8所示，再对照图片解释一下。

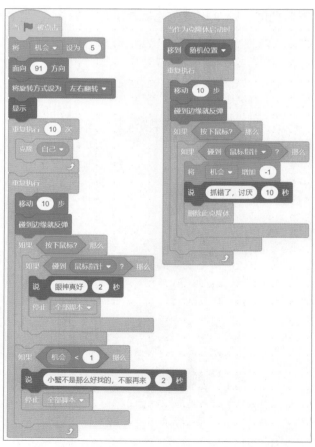

图19-8　角色的程序（左）和克隆体的程序（右）

具体修改或添加的内容如下。

（1）在程序开始时将变量"机会"的值设定为5，表示有5次机会。

（2）将角色"隐藏"的部分修改一下，因为鼠标指针选中角色并按下鼠标按键就表示抓取成功了，所以这里就直接让角色说一句"眼神真好"，然后停止运行程序。

（3）在判断鼠标按键是否被按下之后，增加一个对"机会"的值的判断，如果"机会"的值小于1，说明玩家5次还没有抓到螃蟹角色，那么让螃蟹角色说一句"小蟹不是那么好找的，不服再来"，然后停止运行程序。

（4）将判断鼠标指针是否选中自己的选择结构（两个嵌套在一起的选择结构）复制到克隆体程序的"重复执行"指令积木中。不同的是，如果此时鼠标指针选中的是克隆体并按下鼠标按键，将"机会"的值减1，接着说一句"抓错了，讨厌"，最后删除当前选中的克隆体。

现在整个游戏的功能都完成了，不过在玩的时候总是觉得只显示鼠标指针有点突兀，应该用一个夹子之类的角色来抓螃蟹，大家可以选择或导入一个夹子之类的角色，对应的程序很简单，只要让它跟着鼠标指针移动就好了，具体程序如图19-9所示。

图19-9　夹子角色的程序

本节知识点

1. 学会使用克隆功能。

2. 学会在随机位置克隆角色。

扩展练习

1. 让螃蟹只能在沙滩区域出现和活动。

2. 加入背景音乐或音效。

第20节　星球大战

　　本节我们来完成一个"星球大战"的小游戏，这个游戏是一个经典的飞机游戏，被我们控制的角色出现在屏幕下方，我们可以控制角色左右移动或上下移动；敌人会从屏幕上方不断出现，被我们控制的角色要是碰到了敌人就会减血或结束游戏。

　　下面我们就来完成这个游戏。第一步先选择一个星空背景以及一个飞船角色（这里用的是"Rocketship"），如图20-1所示。

图20-1　选择背景和角色

调整飞船的大小，本节中这个飞船角色会对应键盘按键的操作来移动，当按下 ← 键时，飞船角色会向左移动；当按下 → 键时，飞船角色会向右移动。完成后的程序如图20-2所示。

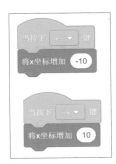

图20-2 用键盘控制飞船角色移动的程序

这样简单的控制飞船角色移动的程序就算完成了，大家可以尝试着增加控制飞船角色上下移动的程序。这里我直接开始制作子弹角色的程序。

选择一个圆球角色（这里用的是"Ball"）作为子弹，在屏幕中将它调整到适合的大小。

程序方面，我们希望子弹能够一直发射，所以直接用了一个"重复执行"指令积木。在"重复执行"指令积木中让子弹角色的 y 坐标不断增加，而碰到舞台边缘时，则让子弹角色回到初始位置，完成后程序如图20-3所示。

图20-3 添加子弹角色和子弹角色对应的程序

运行一下程序，看看子弹角色会不会一直运动，若没有问题，就需要调整子弹角色的初始位置，游戏中要让子弹每次都从飞船中飞出。修改后的程序如图20-4所示。

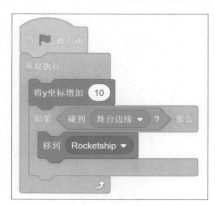

图20-4　子弹从飞船中飞出的程序

　　这样，当子弹角色碰到舞台边缘之后，飞船就会再发射一颗子弹，而当我们移动飞船时，发射子弹的位置也会改变。

　　接下来我们制作从上往下运动的敌人，这里我选择的是一个虫子角色"Ladybug2"，在屏幕中把它调整到合适的大小，如图20-5所示。

图20-5　添加虫子角色

　　虫子的移动和子弹的移动相似，只不过子弹从下往上移动，而虫子从上往下移

动。可以将子弹角色的程序复制给虫子角色，然后稍作修改，修改后的程序如图20-6所示。

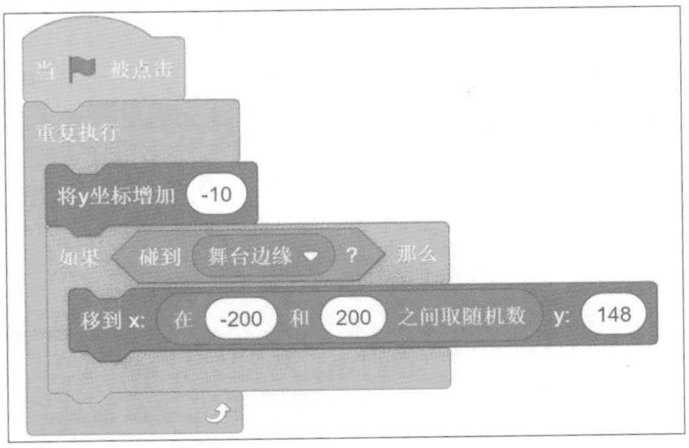

图20-6　虫子角色的程序

　　这里主要修改了两个地方，第一个地方是"将y坐标增加10"指令积木改为"将y坐标增加-10"指令积木，因为虫子的移动方向和子弹的移动方向是相反的。第二个地方就是碰到舞台边缘后移到的位置不同，子弹碰到舞台边缘后会移动到飞船的位置，而虫子碰到舞台边缘后会移动到舞台区的上方，x坐标是随机的。因为屏幕的x坐标范围是-240～240，除去虫子角色的宽度，虫子角色x坐标的范围就是-200～200。虫子开始运动之后，就存在一个角色之间相互干涉的问题，当子弹角色碰到虫子角色时，两者都应该消除掉；而当虫子角色碰到飞船角色时，应该显示"GAMEOVER"。

　　我们先来处理子弹角色碰到虫子角色的问题，首先，在虫子角色的程序中添加虫子角色碰到子弹角色的处理程序，此时虫子角色也会移动到舞台上方，这一小段程序和虫子角色碰到舞台边缘时的一样，如图20-7所示。

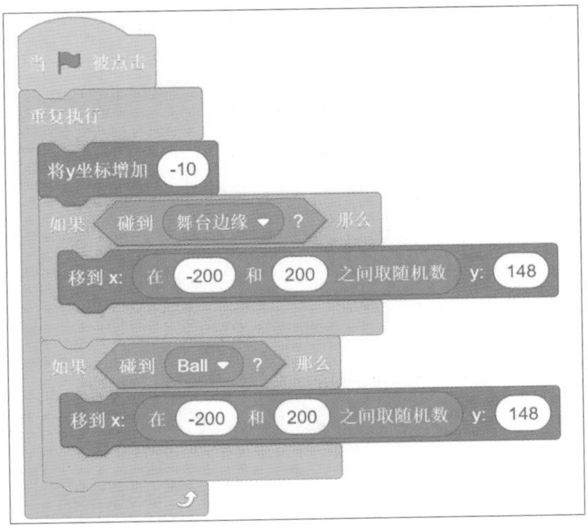

图20-7　添加虫子角色碰到子弹角色的处理程序

为了让子弹角色也消失，可以在虫子角色碰到子弹角色时广播消息1，程序如图20-8所示。

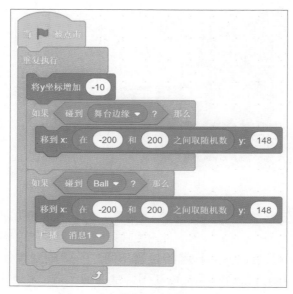

图20-8　修改虫子角色的程序

当子弹角色接收到消息1之后，会移动到飞船角色的位置，就像碰到舞台边缘一样。子弹角色的程序如图20-9所示。

图20-9　子弹角色的程序

最后就是虫子角色碰到飞船角色则结束游戏。为此我们新建一个角色。这个角色的内容是"GAMEOVER"这8个字母，如图20-10所示。

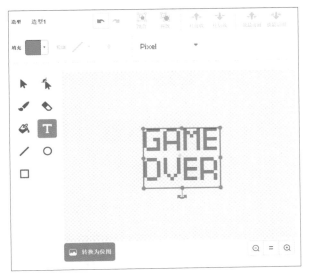

图20-10 新建GAMEOVER角色

修改虫子角色的程序，当虫子角色碰到飞船角色时，广播消息"GAMEOVER"。修改后内容如图20-11所示。

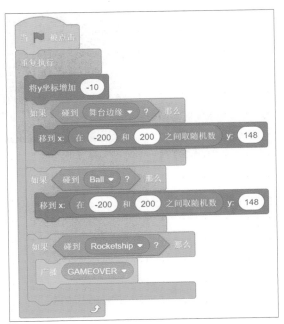

图20-11 修改后虫子角色的程序

我们新建的GAMEOVER角色的功能是在收到"GAMEOVER"消息后，将这8个字母显示出来，同时停止运行所有程序。这个GAMEOVER角色在初始状态下应该是隐藏的，程序如图20-12所示。

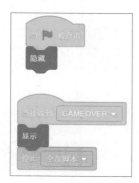

图20-12　GAMEOVER角色的程序

这样，整个星球大战的程序就完成了，不过这里只是完成了基本的功能，大家可以根据自己的喜好再多添加几个敌人，这些敌人可以是同一个类型的，也可以是不同类型的。

另外，我们还可以增加一个变量"score"，用来保存我们每次消灭的敌人数量。变量添加完成后，对变量的操作都放在虫子角色的程序中就可以了，如图20-13所示。

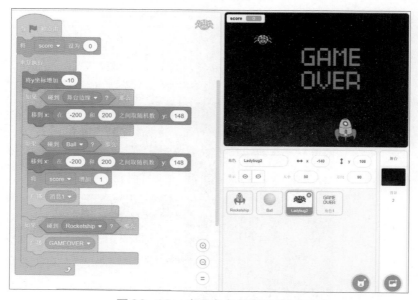

图20-13　虫子角色的最终程序

在 ▶ 被点击时，要初始化变量，将其值设为0，而在虫子角色碰到子弹角色时，要将变量"score"的值增加1，表示消灭敌人的数量又增加了一个。

本节知识点

　　1．学会循环条件嵌套。

　　2．学会跳出循环。

扩展练习

　　1．加入更多敌人。

　　2．通过修改虫子角色的移动速度，调整游戏难易等级。

第21节　绘画板

　　本节我们实现的功能是一个绘画板，移动鼠标时就会有一根铅笔跟着鼠标指针移动；按住鼠标左键时，在铅笔移动的路径上就会留下相应的痕迹；在整个绘画板的旁边还有一个选择块，我们可以选择红、绿、蓝3种颜色；另外还有一个"清除"按钮，当按下这个按钮，整个绘画板就会被全部清空。

　　我们还是先从角色入手，在角色库中选择一个铅笔角色，铅笔要跟着鼠标指针移动，所以程序方面要让铅笔角色一直移到鼠标指针的位置，如图21-1所示。

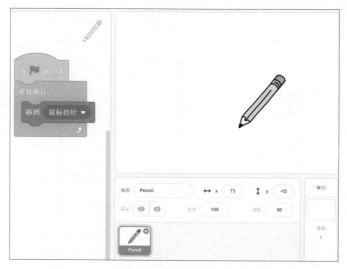

图21-1　铅笔角色跟随鼠标指针移动的程序

　　点击 ▶ 运行一下程序，此时铅笔就会一直跟着鼠标指针移动，不过可能大家会发现，此时鼠标指针的位置在铅笔的中间，而我们希望鼠标指针的位置在笔尖，所以在"造型"选项卡中要调整一下角色造型的中心位置，将笔尖放在中心位置上，此时再运行程序，笔尖就跟着鼠标指针移动了。接着，我们要让鼠标按键被按住时能够在铅笔运动的轨迹上留下痕迹，这要用到画笔中的"落笔"和"抬笔"指令积木了。按下鼠标按键时落笔，否则抬笔。完成后程序如图21-2所示。

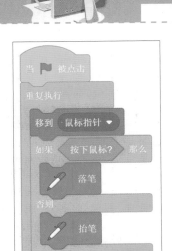

图21-2 添加"落笔"和"抬笔"指令积木

现在可以测试一下画笔功能了，当我们按住鼠标按键移动鼠标时，就能在舞台区用铅笔画出线条了。不过目前只能一直在舞台区上画，如果画错也没办法调整，这就需要我们添加一个清除按钮了。

选择一个按钮角色，在角色上写上"clear"字样，如图21-3所示。

图21-3 添加清除按钮

当鼠标指针碰到这个角色的时候执行"全部擦除"指令积木，对应的程序如图21-4所示。

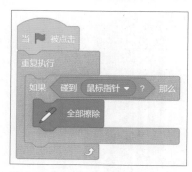

图21-4　清除按钮角色的程序

接着我们来调整画笔的颜色，此处再添加一个按键角色，调整其颜色为红色，如图21-5所示。

图21-5　添加红色按钮

将按钮摆放在合适的位置，添加程序。这里要注意，每个角色都有一个画笔的属性，我们在角色内改变画笔的属性只是改变这个角色的画笔状态，比如在红色按钮角色的程序中，我们直接修改画笔的颜色，实际上我们改变的是红色按钮的画笔的颜色，然后在落笔时我们使用的是铅笔角色的画笔的颜色，所以在红色按钮角色的程序中，当鼠标指针碰到红色按钮时要广播一个消息，内容是"red"，程序如图21-6所示。

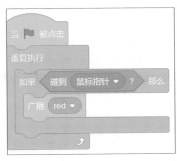

图21-6 红色按钮角色的程序

对应地，在铅笔角色的程序中，接收到消息"red"之后将画笔的颜色设为红色，如图21-7所示。

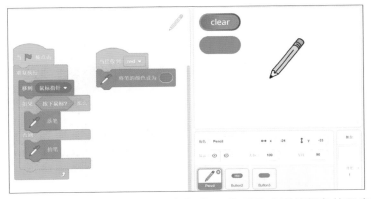

图21-7 铅笔角色在接收到消息"red"后改变画笔颜色的程序

按照相同的方式，我们再添加绿色按钮、蓝色按钮和黑色按钮，将所有按钮的大小修改为40，完成后效果如图21-8所示。

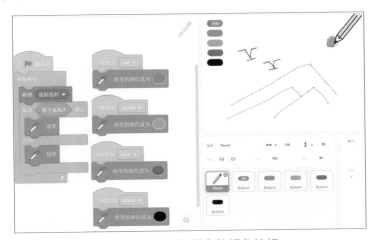

图21-8 添加更多的颜色按钮

　　我们用这几种颜色画了一幅超级简单的画。当我们画太阳时，可能会想画笔的粗细是不是也可以调整。这当然是可以的，利用"将笔的粗细设为××"指令积木就可以实现。为了在屏幕上直观看到画笔的粗细，我们创建一个变量"size"。在程序中通过键盘 ↑ 键和 ↓ 键调整画笔的粗细。整个绘图板项目完成后，铅笔角色的程序如图21-9所示。

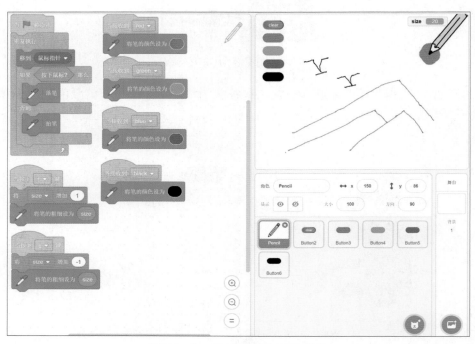

图21-9　铅笔角色的最终程序

本节知识点

　　1. 学会广播的应用：设置画笔颜色。

　　2. 学会变量的应用：修改画笔粗细。

扩展练习

　　1. 加入橡皮擦功能。

　　2. 加入画线段、矩形、圆形功能。

第 22 节　打字练习

图形化编程对于编程教育来说确实很方便，上手也非常快，不过我感觉若程序比较复杂，还是代码编程会比较快，尤其是涉及多维的数组、对象等概念时。

我在实际的教学中，感觉对于中小学学生来说，进行编程的最大问题其实是对键盘不熟悉。回想以前学习机上的打字游戏，我想是不是可以通过图形化编程设计一个打字游戏。

打字游戏的功能是每隔一定的时间，从舞台区的上方随机地下落一个字母，我们必须根据字母按下键盘上相应的按键，如果按键正确，就会从舞台区底部发射一枚火箭，当火箭碰到字母时就会将字母消除。而如果字母在碰到底部之前还没有被消灭，则生命值会减 1；如果生命值为 0，则游戏结束。

这里我们不会一下将 26 个字母都做出来，而是先选择 8 个字母将游戏的功能和程序架构实现出来，剩下的字母大家可以按照相同的方式添加到自己的程序当中。

下面我们来一步一步地实现这个打字游戏。

第一步是添加角色，我们选择的字母是 Q、X、R、B、J、I、Y、P，这 8 个字母不在键盘的同一行，而且横跨了整个键盘，能够体现游戏的难度。另外再加上我们要发射的火箭，总共要添加 9 个角色。在角色库中有很多的字母外形可以选，这里我选择的是橙色的字母，如图 22-1 所示。

调整角色的大小并将它们摆在合适的位置上，因为图 22-1 所示的字母比较少，所以看起来比较稀疏。

第二步是设定一个 1 ~ 8 的随机数定时发生器（设定 1 ~ 8 是因为我们只有 8 个字母角色），对应程序如图 22-2 所示。

图 22-1　选择角色

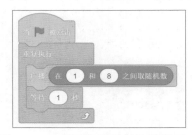

图22-2　随机数定时发生器的程序

这段程序比较简单，当 🏳 被点击，开始运行程序时，会在1到8之间产生一个随机数，同时将这个随机数广播出来，之后等待1秒，表示我们的随机数产生的间隔时间为1秒。这里我们找个背景替换之前的白色背景。

第三步就是编写每个角色的程序了，每个角色对应一个随机数，当收到这个随机数的消息时，角色开始往下落。

这里以字母Q为例，Q对应的是随机数1，所以当接收到消息"1"时开始运行程序，如图22-3所示。

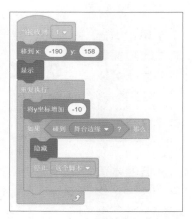

图22-3　字母Q角色的程序

先让角色移动到舞台区上方，然后显示出来（这是和之后的隐藏对应的）；之后加一个"重复执行"指令积木，其中不断地让角色的y坐标减小，即让角色往下移动；当角色碰到舞台边缘时，就将角色隐藏起来，并停止运行当前程序，等待下次触发。

其他字母的程序类似，将这段程序复制到其他的字母角色中，复制过去的程序需要调整两个地方：一是接收到的信息，字母Q对应的是数字1、字母X对应的是数字2，依次类推；二是接收到信息之后移动到的初始位置，因为8个字母在一条水平线上的不同位置，所以y坐标一致，但x坐标不同，这要根据字母的位置进行调整。

8段程序运行完成后，如果每一个字母都落下来过，那么此时舞台区应该就只有

1个字母。

　　第四步是添加发射火箭的程序。火箭角色的程序其实和字母角色的程序非常像，只是一个往上飞，一个往下落；一个是靠按键触发，一个是靠广播的消息触发，具体程序如图22-4所示。

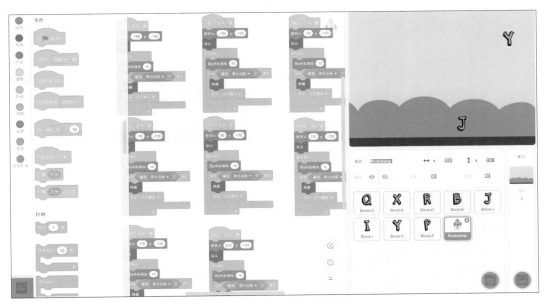

图22-4　火箭角色的程序

　　运行程序时，我们可能会发现，如果在火箭飞行过程中按下另一个按键，火箭就会从空中消失，直接出现在另一个位置，这对于程序来说是一个问题，修复的方式是建立一个表示火箭状态的变量"state"，当火箭飞行时，其他按键是不起作用的。加入变量的火箭角色的程序如图22-5所示。

　　为了让大家看得更清楚，这里只列出了响应一个按键的程序，响应其他按键的程序都需要做相应的修改。

　　这里变量"state"的值等于1表示火箭在飞行，所以每次按下相应按键时首先要判断火箭是否在飞行，只有火箭不在飞行的状态下才会运行后续的程序。在后续的程序中，当我们将火箭显示出来后就要改变变量"state"的值，将其设为1；最后当火箭角色碰到舞台边缘隐藏后，再将变量"state"的值设为0。

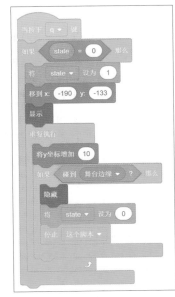

图22-5　加入变量的火箭角色的程序

第五步是添加火箭角色和字母角色碰撞检测的程序。这个功能在字母角色中添加，修改后的程序如图22-6所示。

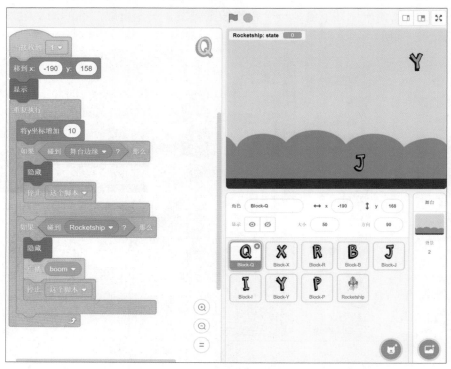

图22-6 添加火箭角色和字母角色碰撞检测的程序

在检测是否碰到舞台边缘的程序下方，再添加检测是否碰到火箭角色的指令积木（因为这里使用的火箭角色是"Rocketship"，所以程序中用的是"如果碰到Rocketship？那么××"指令积木），碰到火箭之后的操作和碰到舞台边缘后的操作一样，都是要隐藏角色并停止运行当前程序。不同的是，此时为了让火箭也消失，我们要广播"boom"消息。对应地，在火箭角色的程序中，当接收到"boom"消息时也要执行和碰到舞台边缘一样的操作，设变量"state"的值为0，隐藏并停止运行角色的其他程序，如图22-7所示。

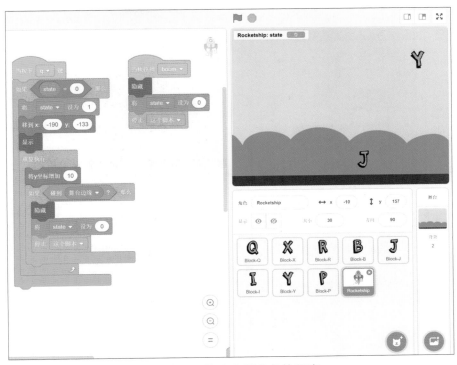

图22-7　修改火箭角色的程序

其他字母角色的程序参考字母Q角色的程序，都要添加检测是否碰到火箭角色的指令积木。

第六步是添加生命值。这次要创建一个名为"HP"的变量。将变量"HP"的初始值设为5，表示我们有5次让字母落到地面的机会，程序如图22-8所示。

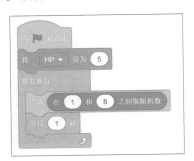

图22-8　设定变量"HP"的初始值

当字母落到底时，会将变量"HP"的值减1，所以我们要修改字母角色的程序。添加当角色碰到舞台边缘时将HP的值增加-1的指令积木，以字母Q角色为例，程序如图22-9所示。

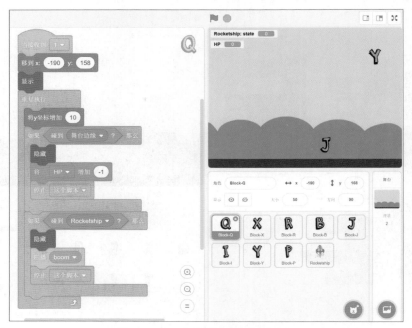

图22-9　完善字母角色的程序

　　然后要修改其他字母角色的程序，每个字母落地都会影响变量"HP"的值，和字母Q角色的程序基本相同，这里就不一一列出了。

　　最后添加游戏结束的提示。这里我们还是新建一个"GAMEOVER"角色，这个角色的程序功能就是不断地判断变量"HP"的值，当变量"HP"的值等于0时，显示"GAMEOVER"，同时停止运行所有程序，如图22-10所示。

图22-10　"GAMEOVER"角色的程序

"GAMEOVER"角色程序的启动条件是当 ▶ 被点击。这个程序会在一个"重复执行"指令积木中，判断变量"HP"的值是不是等于0，如果变量"HP"的值等于0，就将角色显示出来，即显示"GAMEOVER"，同时停止运行全部程序；如果变量"HP"的值不等于0，就将角色隐藏起来。

此时，这个只有8个字母的简易版打字练习游戏就算完成了，大家可以自行将其扩展为26个字母的，同时还可以添加一个记录分数的变量，用来显示我们成功地消除了多少个字母。游戏运行效果如图22-11所示。

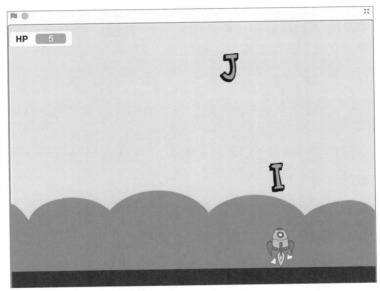

图22-11　游戏运行效果

本节知识点

1. 理解变量作用域（适用于所有角色、仅适用于当前角色）的概念。

2. 学会将变量加入"广播 ××"指令积木中。

扩展练习

1. 将本程序扩展为26个字母的打字练习。

2. 加入计分功能。

第四部分：青少年图形化编程四级

中国电子学会全国青少年软件编程等级考试图形化编程四级的要求如下。

考查对图形化编程环境的较强综合操作能力，考查使用图形化编程环境进行数据处理的能力，同时考查对函数和过程的理解和使用能力，以及对已掌握知识的深度综合应用及思考更优程序方案的能力。考查结合分析和计算的情境。

具体包括以下能力要求。

■ 掌握新建列表的操作方法并能利用程序实现在列表中插入数据、删除数据、查找数据等。

■ 掌握综合运用字符串指令积木对字符串进行操作的方法。

■ 理解函数的作用范围。

■ 掌握创建函数的操作方法并能正确地添加不同类型的参数。

■ 运用函数解决实际问题以及通过函数优化程序。

■ 了解多线程的概念。

■ 掌握综合运用复杂的循环实现算法的操作方法。

■ 理解排序、递推、递归、分支等常见算法的概念并能利用算法解决实际问题。

四级最少新包含以下指令积木。

- 插入列表（在编程环境中有创建列表的菜单或按钮）： 将 ⬭ 插入列表 ⬭

- 删除列表项： 删除列表 ⬭ 的第 ⬭ 项

- 替换列表项： 将列表 ⬭ 的第 ⬭ 项替换为 ⬭

- 显示列表： 显示列表 ⬭

- 隐藏列表： 隐藏列表 ⬭

- 组合字符串： 连接 ⬭ 和 ⬭

- （单独）获取字符串中的（某一位的）字符： ⬭ 中的第 ⬭ 个字符

第23节 雪花

本节我们通过画笔工具来绘制一个雪花图形,绘制完成后效果如图23-1所示。

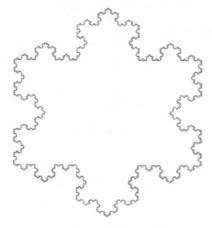

图23-1 绘制雪花图形

虽然这个雪花图形看起来有点复杂,不过它其实是从一个基本的三角形一步一步演变而来的,如图23-2所示。

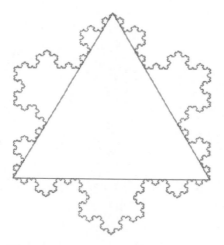

图 23-2 由三角形演变成雪花图形

下面就来介绍如何完成这个雪花图形。

首先当然是要绘制一个三角形了，注意这里是绘制一个等边三角形。等边三角形的 3 条边长度相等，且3个内角都相等，即180° ÷3=60°。在设置好画笔颜色、起始点之后只需要用一个3次的循环就可以完成，程序如图23-3所示。

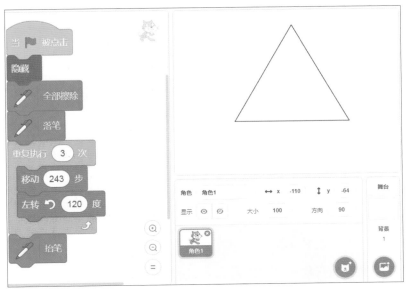

图23-3 画三角形的程序

这里为了只显示图形，我们要将角色隐藏起来。另外，因为角色在转弯时是从外向内转，所以角度是180°-60°=120°。至于"移动243步"这个指令积木中的值243，它是3的5次方，我是为了之后好计算移动的步数，所以设定为这个值，在之后的介绍中，大家会了解这个数字的意义的，现在只需要直接将这个数字输入指令积木就好了。

绘制了三角形之后，我们来分析一下最后的雪花图形和这个三角形的差别。总体来说，雪花先是在每条边都突出一个三角形，然后形成一个六角星，如图23-4所示。

图23-4 由三角形演变为六角星

因为突出的这个三角形也是等边三角形，所以突出的两条边和两侧的边是一样长的。如果原来绘制一条边的指令积木是：

移动243步；

则要在这条边上突出一个三角形的指令积木就是：

移动81步（243÷3 = 81），

右转60°，

移动81步，

左转120°，

移动81步，

右转60°，

移动81步，

左转120°。

将上面的步骤实现在程序中就如图23-5所示。

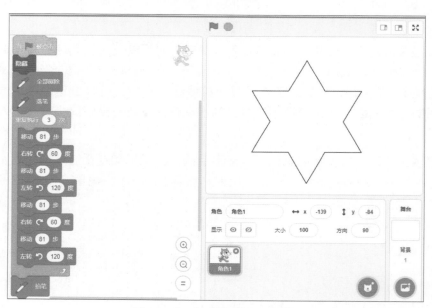

图23-5 绘制六角星的程序

为了方便程序的讲解，我们介绍一下如何定义函数。函数就是将一些固定的指令积木放在一起，方便我们使用。

选择新建积木（即函数）后会弹出一个对话框。这个对话框会要求我们输入新积木的名称。这里我给它起名为"Draw",如图23-6所示。

图23-6　新输入新积木的名称"Draw"

然后单击"完成"按钮,就会在指令积木区中出现一个叫作"Draw"的指令积木,同时在程序区会出现一个叫作"定义Draw"的起始指令积木,如图23-7所示。

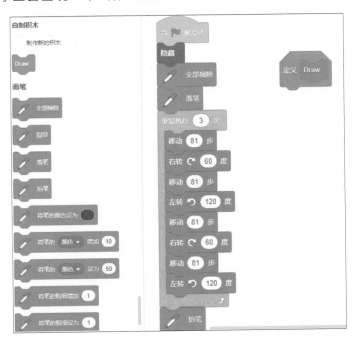

图23-7　起始指令积木"定义Draw"

"定义Draw"指令积木用于设定这个函数具体执行的功能,这里我们就让它实现绘制带有突出三角形的边的功能,程序如图23-8所示。

图23-8 "定义Draw"指令积木的程序

而指令积木区的"Draw"指令积木用于在程序中将"Draw"函数的程序（也就是"定义Draw"中的程序）代入，效果如图23-9所示。

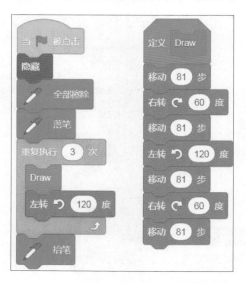

图23-9 将"Draw"函数的程序代入

我们能够看到这里直接使用"Draw"指令积木代替了右侧的一段程序，这样看起来程序显得非常直观。

接着我们来查看这个六角星和雪花图形的差别，大家能够发现雪花图形是在六角星的每条边上都产生了一个凸起。有了上面的经验，这里直接创建一个函数，名字就叫"Draw2"吧，"Draw2"函数的程序如图 23-10 所示。

图23-10 "Draw2"函数的程序

因为"Draw2"函数在六角星的每条边上绘制，六角星每条边的边长是81步，现在再绘制凸起的三角形，每次移动的长度就是81÷3=27（步）了。

完成了这个函数之后，将其代入"Draw"函数的程序中，如图23-11所示。

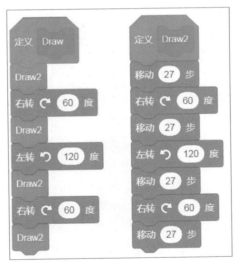

图23-11 将"Draw2"函数的程序代入"Draw"函数的程序中

这里将"移动81步"指令积木全部替换为"Draw2"指令积木，显示效果如图23-12所示。

此时，大家会发现我们绘制的形状离雪花的形状又近了一步，同时可能还发现下一步就是要将移动27步再分解为移动9步，再之后是移动3步，再之后是移动1步。

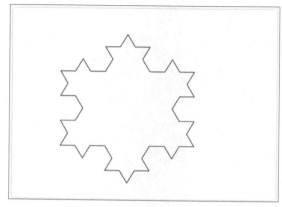

图23-12　替换程序后的显示效果

按照这个思路，我们分别创建了"Draw3""Draw4"和"Draw5"函数，如图23-13所示。

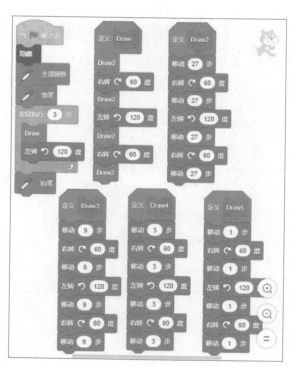

图23-13　创建3个新函数"Draw""Draw4"和"Draw5"

然后分别用"Draw3"指令积木代替"Draw2"函数中的"移动27步"指令积木，用"Draw4"指令积木代替"Draw3"函数中的"移动9步"指令积木，用"Draw5"指令积木代替"Draw4"函数中的"移动3步"指令积木。完成后运行效果如图23-14所示。

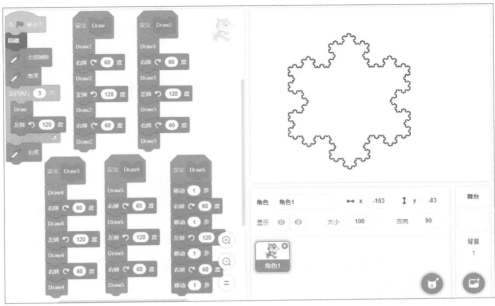

图23-14　程序运行效果

此时大家就会发现，这就是我最开始展示的那个雪花图形。是不是觉得其实也不难，很容易就画出来了？

本章画完这个雪花图形还不算完。我们要来分析一下这些函数。大家是不是觉得图23-14中的这几个函数都差不多，只是每次移动的步数不一样而已？那么是不是能够将这几个函数结合成一个通用的函数呢？

这就涉及函数的参数问题，我们先来调整一下"Draw5"函数。重新编辑这个函数，在对话框的下方都是与参数相关的内容。参数是一个变量，将值传递到函数中，我们以前使用的很多指令积木中都有参数。这里我们选择添加一个数字参数，单击左下方的"添加输入项 数字或文本"，如图 23-15 所示。

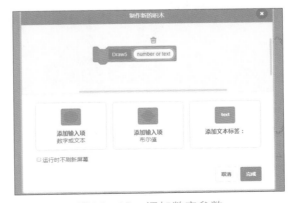

图23-15　添加数字参数

你会看到在函数名（指令积木名称）之后多了一个输入框，输入框中的内容是"number or text"，这表示参数的名字可以是数字或文本，这里我们将名字修改为"number1"，然后单击"完成"，如图 23-16 所示。

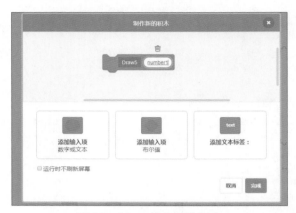

图23-16　定义参数名字

之后，"定义 Draw5"指令积木以及指令积木区中"Draw5"的指令积木都发生了变化，甚至"Draw4"函数中的程序也发生了变化，这里"定义 Draw5 number1"后面的参数"number1"是可以直接用的，将其拖曳到"Draw5"函数中的"移动 1 步"指令积木中，程序如图 23-17 所示。

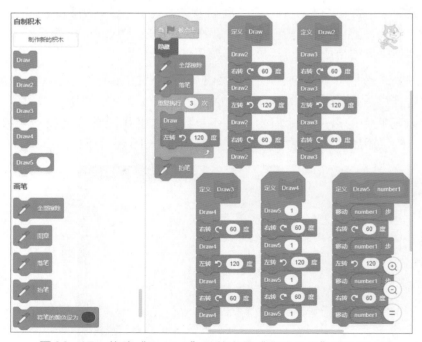

图23-17　修改"Draw5"函数中的"移动 1 步"指令积木

这样对于"Draw5"函数来说，它绘制的图形就是和参数"number1"有关的，在"Draw4"函数中因为本身就是移动1步，所以这里程序可以不动。

我们在主程序中用"Draw5"指令积木代替"Draw"指令积木，这里参数可以写成81，程序运行效果如图23-18所示。

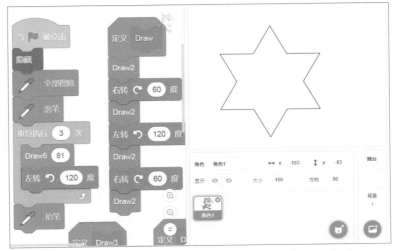

图23-18　在主程序中用"Draw5"指令积木代替"Draw"指令积木的程序运行效果

此时绘制的图形又变成了六角星。

参考前面的4个函数，我们可以这样设想，"Draw5（81）"中的"移动××步"可以换成"Draw5（27）"，而"Draw（27）"中的"移动××步"可以换成"Draw5（9）"，依次类推。 而27是81的1/3，9是27的1/3，所以我们可以将"Draw5"的函数再做一个调整，调整后的程序如图23-19所示。

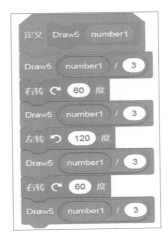

图23-19　调整"Draw5"函数的程序

我们在"Draw5"函数中调用"Draw5"函数，而其中的参数是"number1/3"。运行程序之后，我们发现舞台区没有任何显示，这是因为每次进入函数之后，函数会将参数除以3又代入函数中，这样一直运算下去。为了解决这个问题，我们要设定一个条件，只有满足条件才能往下分解，不满足条件则停止分解。

我们设定当"number-1>0"时才能往下分解，修改后的程序如图23-20所示。

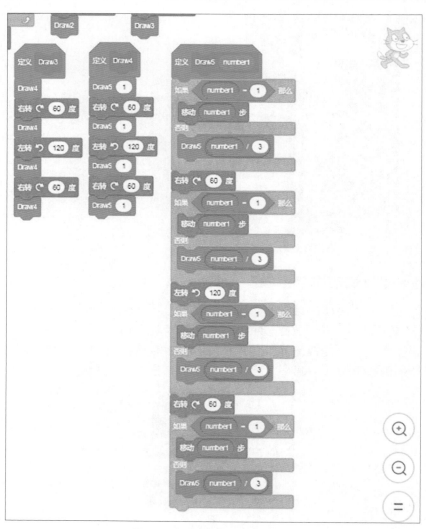

图23-20 继续分解的程序

用一个"如果××那么××否则××"指令积木代替之前单一的"Draw5"指令积木，此时再运行程序就又可以绘制雪花图形了，如图23-21所示。因为我们在"Draw5"函数中调用的也是"Draw5"函数，所以之前写的"Draw""Draw2""Draw3"以及"Draw4"函数就都可以删掉了。

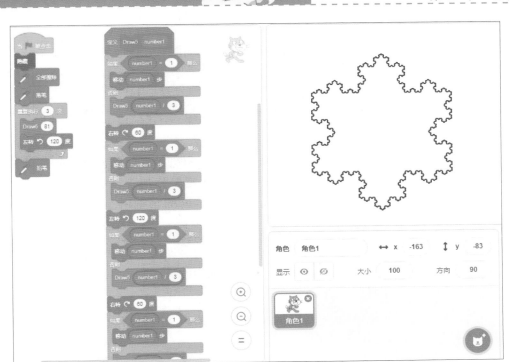

图 23-21　程序最终运行效果

　　在编程时，这种自己调用自己的情况称为函数的递归。利用递归策略，只需少量的程序就可描述出解题过程中所需要的多次重复计算，大大减少了程序指令的数量。关于递归的内容，大家可以通过这个例子再细细地体会一下。一般来说，递归需要有边界条件、递归前进段和递归返回段。当不满足边界条件时，递归前进；当满足边界条件时，递归返回。

第24节 小小情报员

本节我们来实现文字加密、解密的操作，具体的功能是让角色帮助我们完成字符串的加密和解密。舞台区有两个角色，左侧的小猫负责加密，右侧的螃蟹负责解密。当我们点击小猫后，小猫会提示我们输入要转换的字符串；当输入完成之后，螃蟹就会说出转换之后的字符串。

这里加密的规则比较简单，即用字母Ｄ代替字母Ａ、用字母Ｅ代替字母Ｂ……用字母Ａ代替字母Ｘ、用字母Ｂ代替字母Ｙ、用字母Ｃ代替字母Ｚ。我们规定都用大写字母，非大写字母符号保持不变。

为此，我们选择２个角色——小猫角色和螃蟹角色，同时新建２个变量——"明文"和"密文"，如图24-1所示。

图24-1 选择 2 个角色并新建 2 个变量

在小猫角色的程序中，将变量"明文"的值设为正常大写字母排序，变量"密文"的值设为变换后的字母排序，同时隐藏两个变量，对应的程序如图24-2所示。

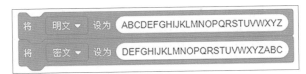

图24-2 小猫角色中关于2个变量的程序

接着我们创建一个函数，该函数的功能是查找某一个字母在字符串中的位置，如图24-3所示。

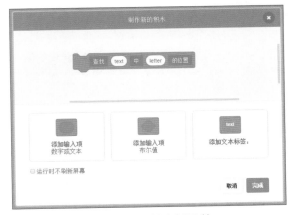

图24-3 创建新函数

新函数的定义如图24-4所示。

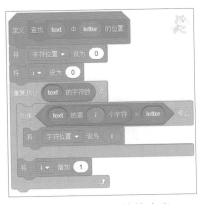

图24-4 新函数的定义

这里创建了两个新的变量"字符位置"和"i"。

这样加密、解密功能的准备工作就完成了，下面先来完成加密功能的程序。加密

的程序在点击小猫角色的时候运行，程序如图24-5所示。

图24-5　小猫角色的加密程序

　　然后完成解密功能的程序。解密的程序在点击螃蟹角色的时候运行，这里我们运用"广播消息"指令积木来完成，当单击螃蟹角色的时候广播"消息1"，然后依然在小猫角色的程序中处理文本，处理完之后再广播"消息处理完毕"，告诉螃蟹角色文本处理完了，由螃蟹角色说出处理后的文本。螃蟹角色和小猫角色解密的程序如图24-6、图24-7所示。

图24-6　螃蟹角色的解密程序

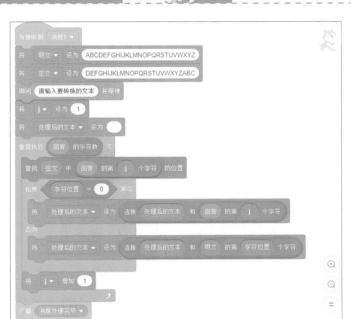

图24-7　小猫角色的解密程序

　　小猫角色的解密程序实际上就是将密文和明文交换一下。这样这个文字加密、解密功能的操作就算完成了。

第25节 贪吃蛇1：蛇的移动

从本节开始，我们会利用3章的内容完成一个较为复杂的经典游戏——贪吃蛇。

贪吃蛇的游戏功能是：最开始在舞台中央会有一个只有3节的小蛇，这条蛇会朝一个方向一直移动，我们可以通过方向键来控制蛇的移动方向。蛇在移动过程中会碰到苹果，蛇吃了一个苹果后，身体就会加长一节。随着游戏的进行，蛇的长度会越来越长，因为在控制蛇运动时要保证蛇不能碰到自己的身体和舞台边缘，所以游戏难度也就越来越大，碰到身体或舞台边缘就结束游戏。

根据功能描述，我们将这个游戏分为3个环节：蛇的移动、吃苹果和失败检测、界面美化。这一章我们先来实现蛇的移动。

在游戏中，蛇的身子是一节一节的，我们用绿色小球角色来代替，将其缩放到合适的大小，如图25-1所示。

图25-1　选择绿色小球角色并调整大小

通常游戏开始的时候，蛇至少有3节身子，不过因为蛇的身子是不断变化的，所以要用克隆功能来生成剩下的部分。

生成剩下的两节身子之前，我们先来说一下整个界面的分布，在游戏中蛇是一格一格移动的，所以我们也要将舞台分割成很多小格，这里我是按照20步的间隔来分割舞台的，所以整个舞台就被划分为24×18个格子（整个舞台的大小是480×360），对应这24×18个格子，可以用范围在-12 ~ 12的水平坐标和范围在-9 ~ 9的垂直坐标来表示。

基于这个坐标系，绿色小球的位置如图25-2所示。

图25-2 小球在舞台区的位置

在程序中，我设定了两个变量——snakeHeadX和snakeHeadY，用来保存蛇头所在格子的水平坐标和垂直坐标。

如果要绘制一个3节的蛇，可以直接通过增大变量的值来实现。假设蛇的位置在(0,0)(1,0)(2,0)，则对应程序如图25-3所示。

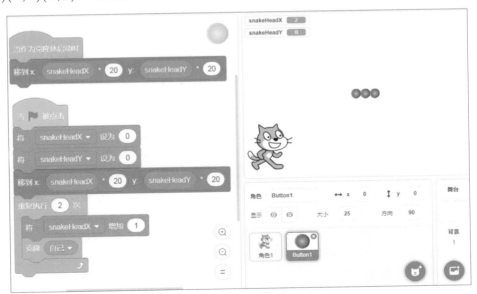

图25-3 绘制一个3节蛇的程序

运行程序时就能看到舞台区出现了3个绿色小球，因为我们增大的是水平方向的变量的值，所以这3个绿色小球是横着排列的。

注意：如果你的3个绿色小球不是紧贴在一起，就需要调整角色的大小，或改变

每一格的尺寸。

现在我们已经知道怎么通过复制来生成一条蛇了，不过在目前的情况下，这条蛇既不能移动，也不能变长。为了让这条蛇动起来，我们需要利用列表功能。

由于要分别保存蛇身体中每一节的水平坐标和垂直坐标，我们需要建立两个列表snakeX和snakeY。另外我们还需要创建一个表示方向的变量"direction"以及一个表示序号的变量"index"，程序如图25-4所示。

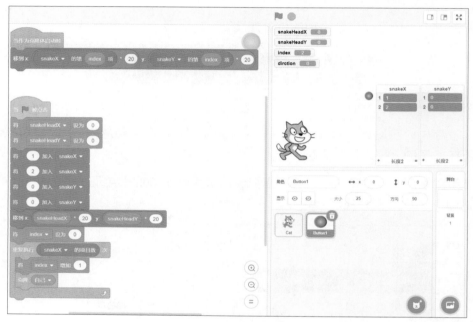

图25-4　创建变量

变量和列表创建好之后，我们还要调整一下程序。主要有以下几个方面：首先要将蛇身的坐标添加到列表中，新添加的数据会放在列表的最后；其次重复执行的次数，原来是2，现在是snakeX的长度（也可以是snakeY的长度，两者的长度是一样的）；最后当角色作为克隆体启动时，克隆体移动到的坐标是依据列表snakeX和snakeY中的数值计算的，因为要根据蛇身体的某一节来移动克隆的绿色小球，所以这里要使用变量"index"来指定列表中相应的数据项。变量"index"会从0开始，一直遍历到列表的最后一项。

在开始完善程序之前，我们先来调整一下目前的程序。

在上一章中我们学习了函数的概念，因为贪吃蛇这个程序会比较大，所以我们最好将整个程序分割成几个功能块函数，程序如图25-5所示。

图 25-5 创建 3 个功能块函数

这里我们创建了 3 个函数："初始化""移动 snake"和"绘制 snake"。我们可以通过这 3 个函数先来梳理一下程序：开始的时候应该进行初始化，包括设定蛇的起始位置和方向等；然后就是在一个"重复执行"指令积木中，不断地移动 snake 和绘制 snake，以达到游戏的效果。图 25-6 中，我们把设定蛇头坐标和蛇身体坐标的指令积木放在"初始化"函数里面。

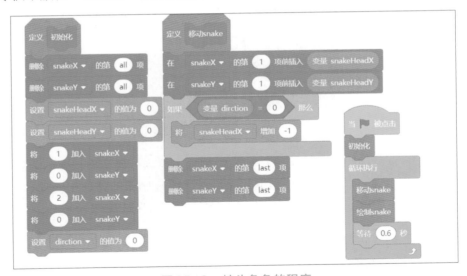

图 25-6 蛇头角色的程序

在"移动 snake"函数中应该根据方向改变蛇头的坐标，并将现在蛇头的坐标存储在列表的第一个位置，同时删掉列表中最后一个坐标数据。程序如图 25-6 所示。

在"移动snake"函数中，我们是根据变量"direction"的值来移动蛇头的，变化之前先将蛇头坐标插入列表的第一位。之后移动蛇头，假设"direction"的值等于0表示方向向左，则当蛇往左移动时，蛇头的垂直方向格数是不变的，而水平方向的格数会减小一格。

这次我们还调整了"初始化"函数以及 ▶ 被点击时运行的程序。

我们在"重复执行"指令积木中添加了一个"等待0.6秒"指令积木，目的是让贪吃蛇不要移动得太快。

在"初始化"函数中，首先删除了两个列表中的所有数据，然后才将坐标添加到列表中，最后设定变量"direction"的值为0。

接着是"绘制snake"函数，这里我们直接将之前与克隆相关的程序放在函数中，如图25-7所示。此时运行这个程序，就会发现贪吃蛇开始往左移动了，不过现在这条蛇在不断地变长，但是我们会发现列表的长度并没有增加。这是什么原因呢？

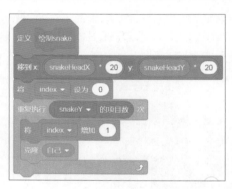

图25-7　修改"绘制 snake"函数

贪吃蛇变长的原因是：虽然我们在列表中删除了最后一项，但是之前由这个坐标克隆产生的绿色小球并没有消失。这里我采用一个比较简单的方法来处理这个问题，就是在克隆体产生后等待一段时间就把自己删除，程序如图25-8所示。

图25-8　删除多余的克隆体

因为在 ▶ 被点击时等待的时间是0.6秒，所以这里的等待时间设定的也是0.6秒。此时，运行程序就会看到一个3节的小蛇在不断地往左移动。

你可能会下意识地按下键盘上的方向键，不过马上就会发现并没有什么用。要想用键盘来控制这条蛇，我们还要接着往下进行编程。

按照之前的功能描述，我们是通过键盘上的方向键来实现控制的，在程序中只需要改变变量"direction"的值就可以了。之前我们设定0表示左，现在设定1表示上、2表示右、3表示下。程序如图25-9所示。

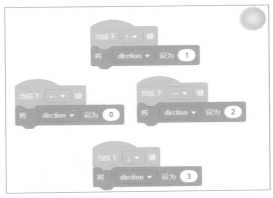

图25-9　控制方向的程序

相应地，要修改"移动snake"函数中的程序，如图25-10所示。

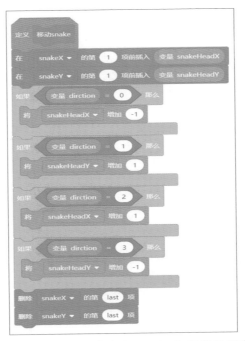

图25-10　修改"移动 snake"函数的程序

这里增加了3个对变量"direction"的值的判断，即分别处理上、下、左、右方向上的移动，上、下方向上变化的是变量"snakeHeadY"的值，左、右方向上变化的是变量"snakeHeadX"的值。

程序完成后，运行一下，此时你就能够通过按键来控制这个只有3节的贪吃蛇了，如图25-11所示。

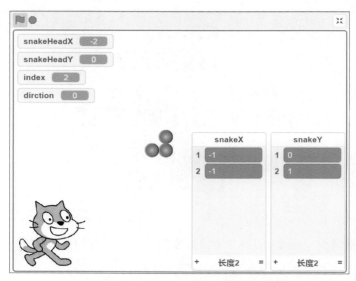

图25-11　程序运行效果

第26节　贪吃蛇2：吃苹果和失败检测

本节我们来添加游戏中吃苹果的程序，首先在角色库中选择一个苹果角色，并在舞台区中根据绿色小球（蛇的一节身体）的大小来调整苹果的大小，如图26-1所示。

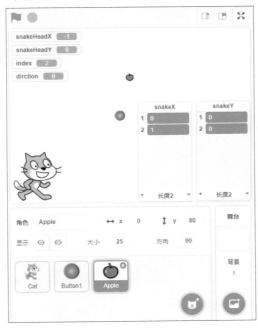

图26-1　添加苹果角色并调整大小

苹果角色的程序和最开始绿色小球的程序相似，我们要设定两个变量"appleX"和"appleY"来保存苹果的坐标，如图26-2所示。

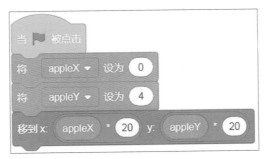

图26-2　创建2个新变量

将苹果的初始坐标设定为（0,4），这主要是为了避开蛇的初始位置。然后按照绘制蛇的方法来绘制苹果，即让它移动到对应的格子。

下面回到蛇角色的程序来实现贪吃蛇吃苹果的程序，即当蛇遇到苹果时，蛇身会增长。贪吃蛇的增长实际上就是当蛇头碰到苹果时不删除蛇的最后一节，所以我们在"移动snake"函数中进行修改，程序如图26-3所示。

图 26-3　修改"移动 snake"函数的程序

程序中，我们添加了一个判断语句，条件是蛇头是否碰到了苹果，即appleX是否等于snakeHeadX，同时appleY是否等于snakeHeadY，如果这个条件不成立，就要删除列表中的最后一项；如果成立就不用删除，并广播一条消息"eating"。

运行程序，当蛇经过苹果时，两个列表就都会增加一项，同时你会发现蛇的身体增长了一节，运行效果如图26-4所示。

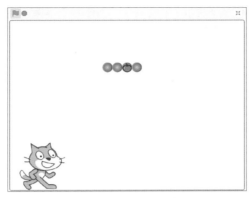

图26-4 程序运行效果

这时你会发现这个苹果并没有消失。当蛇通过苹果之后再碰到苹果时，两个列表又会增加一项，同时蛇的身体会再增长一节。

要想让苹果换一个位置出现，就需要修改苹果角色的程序，如图 26-5 所示。

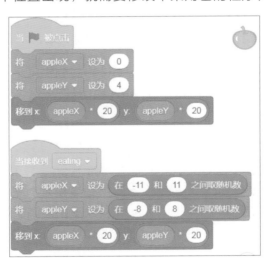

图26-5 修改苹果角色的程序

苹果角色在接收到消息"eating"时，会产生一个随机的位置，这个位置也是按照格子出现的，理论上来说，水平方向上坐标是-12 ～ 12，垂直方向上坐标是-9 ～ 9。不过因为-12、12的位置以及 -9、9的位置分别是屏幕的左、右和上、下边缘，不能出现苹果，所以这个随机位置的坐标范围应该是-11 ～ 11、-8 ～ 8。

除了边缘的问题外，还有一个可能存在的问题是苹果有可能会出现在蛇的身体上。为了解决这个问题，我们需要对苹果的位置与蛇身体每一节的位置进行判断，只有在没有重合的情况下才会认为新的苹果位置有效。

理论上，我们应该像绘制蛇的身体一样，用一个序号来提取列表中的每一个值，不过这里可以用一个简单的方法判断颜色碰撞或判断角色碰撞，程序如图 26-6 所示。

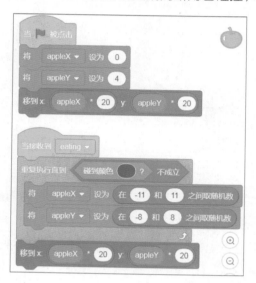

图26-6　判断苹果角色和蛇角色是否碰撞的程序

这里我用的方法是判断颜色碰撞，只有当没有碰到绿色小球的绿色时，苹果的新位置才有效，此时将苹果移到新的位置。

这样苹果角色的程序就完成了，我们还剩下对游戏是否结束的判断需要完成，主要是判断蛇头的状态，它不能碰到舞台边缘，也不能碰到自己。

创建一个"失败检测"函数，并将其放在"绘制snake"函数之后。"失败检测"函数中的内容就是两个由"如果××那么××"指令积木构成的判断，一个判断蛇头是不是碰到了自己的绿色小球，另一个判断蛇头是不是碰到了舞台边缘，这两个判断的结果有任意一个为"是"，都会停止运行所有的程序，程序如图 26-7 所示。

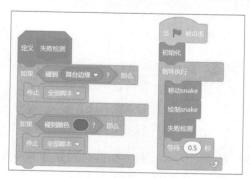

图26-7　完成程序

这样贪吃蛇所有的功能都实现了。

第 27 节　贪吃蛇 3：界面美化

这一节我们来最后完善贪吃蛇这个游戏。

上一节中，当游戏失败时，直接就停止了，没有一点提示，我们希望舞台区能显示 "GAMEOVER" 字样。

这需要我们新建一个 "GAMEOVER" 角色，这个角色的程序就是当收到 "gameover" 消息时把 "GAMEOVER" 显示出来，同时停止运行全部程序。另外，就是在点击 ▶ 运行程序时要将自己隐藏起来，角色及对应的程序如图 27-1 所示。

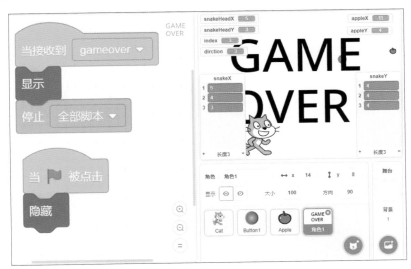

图 27-1　新角色及对应的程序

而产生 "gameover" 消息的位置就在 "失败检测" 函数中，如图 27-2 所示。

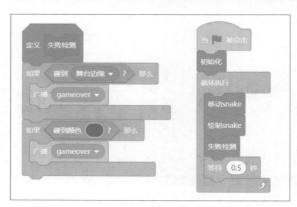

图27-2　修改"失败检测"函数的程序

用"广播gameover"指令积木替换原来的"停止全部脚本"指令积木。当贪吃蛇碰到舞台边缘或自己身体的时候就会显示"GAMEOVER"字样。

在舞台区将所有变量和列表都隐藏起来，同时删除小猫角色，此时游戏开始时的界面如图27-3所示。

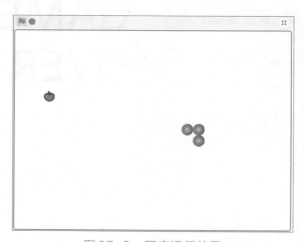

图27-3　程序运行效果

现在屏幕上就是一个白色的背景上有一个红色的苹果和一条绿色的贪吃蛇。有点空洞，我想在背景上画上格子。

在这段程序中，我们新建一个"绘制网格"函数，将其加在"初始化"函数之前，程序如图27-4所示。

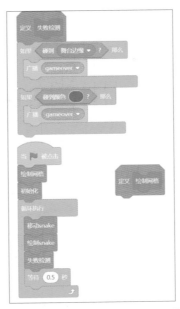

图27-4 添加新函数"绘制网格"

"绘制网格"函数的功能是利用画笔功能按照20步的间隔绘制横竖直线，对应程序如图27-5所示。

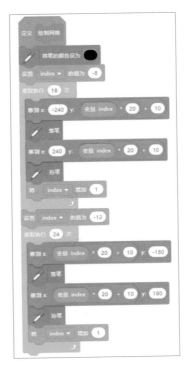

图27-5 "绘制网格"函数的程序

程序中设定画笔的颜色为黑色，并利用变量"index"来移动画线的位置。整个程序运行的效果如图27-6所示。

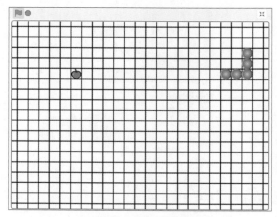

图27-6　程序运行效果

至此，我们的贪吃蛇游戏就完成了。大家如果想继续完善的话，还可以增加显示分数的功能，每吃一个苹果增加100分，看看最后谁的分数高。

第28节　排序问题

本节我们尝试给一个无序的列表排序。如果你已经完成了贪吃蛇的游戏，那么你对列表应该已经有一定了解了。现在我们先要新建一个列表"list"，新建的列表是空的，接着利用随机数创建一个无序的列表，这里设定列表中数据的长度（数量）为10。对应的程序如图28-1所示。

图28-1　创建无序列表的程序

我希望这些数之间的差距大一些，所以随机数的范围选择的是1~100。这段程序是通过空格键触发的，当我们按下空格键时，就能看到列表中生成了10个无序排列的数。每个数前面都有一个对应的编号，表明数据在列表中的具体位置。这10个数生成之后，生成列表数据的这段程序就可以删掉了。

下面我们就通过程序为"list"中的数排序。

排序前，我们需要再新建一个列表"list2"以及一个变量"var"，如图28-2所示。

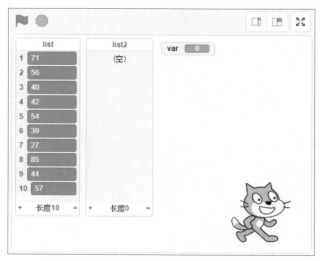

图28-2　新建列表及变量

排序的方式采用的是冒泡法，冒泡法的一个循环的具体操作如下。

（1）将"list"中的第一个数放入变量"var"中，同时删掉"list"中的第一个数，此时"list"中就只有9个数了，即原来的第2个到第10个数。

（2）用现在"list"中的第一个数和变量"var"的值进行比较，如果这个数比"var"的值小，那就把这个数直接放到"list2"中；如果这个数比"var"的值大，那就把"var"的值放入"list2"，并把现在"list"中的第一个数放到"var"中，同时删掉"list"中的第一个数。

（3）再重复第（2）步操作8次。因为我们会不断地用"list"中的第一个数和"var"的值进行比较，这样"var"中保存的就始终是最大的数。8次（再加上第二步中的 1 次）之后，"var"中保存的就是整个 10 个数中最大的数，这个过程就好像冒泡一样，所以这种排序的方法称为冒泡排序。

（4）为了重复以上的操作，将"list2"整个复制到"list"。同时将"var"的值放在"list"中的最后，此时相对于之前的"list"来说就已经选出的最大的数。

（5）重复第（1）到（4）步10次，这样整个列表就按照从小到大的顺序重新排序了（有可能少于10次，10次只是最坏的情况）。

下面我们来实际操作。

第（1）步对应的程序如图28-3所示。这里为了便于操作，我为每一段程序都添加了一个快捷按键，按下相应的按键就能执行对应的程序。第一步的快捷键是a。

图28-3 快速键 a 的程序

当按下键盘上的a键时，注意变量和列表的变化，此时列表"list"中的第一个数就赋给了变量"var"。

第（2）步对应的程序如图28-4所示，对应的快捷键是b。当按下键盘上的b键时，由于此时"list"中的第一个数是56，这个值比"var"中的值小，所以，要将56加到"list2"中。

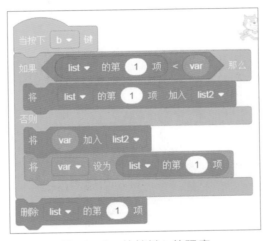

图28-4 快捷键b的程序

接着就是重复操作了。由于我们设定了快捷键，只需要按下快捷键即可。

在重复8次之后，除了"var"中的数，其他9个数都已经移动到"list2"中了。运行效果如图28-5所示。

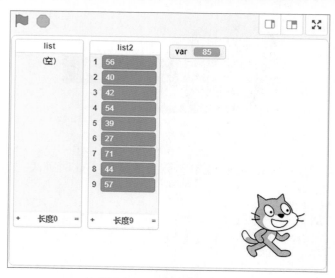

图28-5　程序运行效果

此时就到了前面说的第（4）步了，要将"list2"整个复制到"list"当中，同时将"var"的值加到"list"中，具体的程序如图28-6所示，对应的快捷键是c。

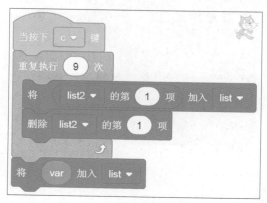

图28-6　快捷键c的程序

然后就是重复前面的所有操作了，一个过程中，快捷键a的程序执行1次，快捷键b的程序执行9次，最后快捷键c的程序执行1次，就能选出最大的两个数了。

下面我们将几段程序组合起来用一个快捷键控制，如图28-7所示，这里在原来快捷键b的程序外面加了一个"重复执行9次"的指令积木。

合成后的程序快捷键是a。此时按下这个快捷键，就会直接选出第三大的数。这样我们就知道，如果再重复目前的整个程序6次（最后一次不用排了），我们就能将整个列表按照从小到大的顺序排列了。

由此，我们在整个程序外面加一个9次的循环，就是一个完整的10个无序数据的排序方法了。再进一步地设定一个变量"lengthOfList"来表示列表的长度，并用这个变量代替指令积木中的数字9，这样就完成了一个通用的列表排序程序，如图28-8所示。目前这个程序的快捷键依然是a。

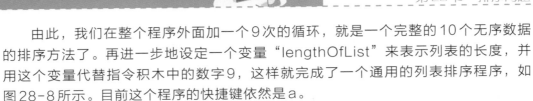

图28-7　组合程序　　　　　　　　　　图28-8　添加变量"lengthOfList"

第 29 节　汉诺塔

　　了解了递归的概念之后，本章我们来完成一个经典的递归算法问题——汉诺塔。

　　汉诺塔（又称河内塔）问题源于印度一个古老的神话传说，如图29-1所示。大梵天创造世界时做了3根金刚石柱子，在一根柱子上从下往上按照大小顺序摆着64片黄金圆盘。大梵天命人把圆盘从下面开始按大小顺序重新摆放在另一根柱子上，并且规定，在小圆盘上不能放大圆盘，在3根柱子之间一次只能移动一个圆盘。当所有的圆盘都从一根石柱上移到另外一根石柱上时，世界就将在一声霹雳中消灭。

图29-1　汉诺塔模型

　　那么移动这些圆盘需要多长时间呢？这个我们之后再计算，现在先来看看如何用算法完成汉诺塔上圆盘的移动。

　　汉诺塔用到了五大常用算法之一的分治法。在计算机科学中，分治法是一种很重要的算法，字面上的解释是"分而治之"，就是把一个复杂的问题分成两个或更多的相同或相似的子问题，再把子问题分成更小的子问题……直到最后子问题可以简单地直接求解，原问题的解即子问题的解的合并。下面我们就使用图形化编程来完成汉诺塔这个游戏。先来创建3个列表，如图29-2所示。

　　创建一个程序来给"list1"添加"圆盘"，这个程序是通过空格键来触发的，内容如图29-3所示。

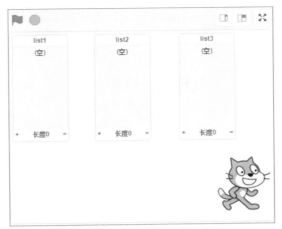

图29-2 创建3个列表

图29-3 给"list1"添加"圆盘"的程序

这里更改"重复执行10次"指令积木中的参数就能设定汉诺塔初始的"圆盘"数。当参数为1的时候表示只有一个"圆盘"。

当只有1个"圆盘"时,移动就是将"list1"中的第1项移动到"list3"即可。而对于有2个"圆盘"的情况,则要先将"list1"中的第1项移动到"list2"中,然后将"list1"中原来的第2项（由于此时"list1"中原来的第1项已经被移走，所以原来的第2项也是新的第1项）移动到"list3"中；最后将"list2"中的第1项移动到"list3"当中。

如果再加一个"圆盘"，3个"圆盘"的汉诺塔又如何移动呢？我们还是先初始化一个3个"圆盘"的汉诺塔，如图29-4所示。

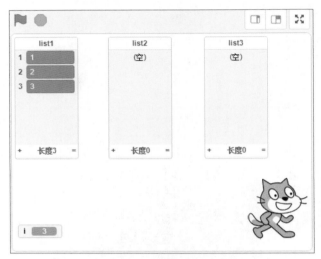

图29-4　初始化3个列表

此时就需要用到分治法了，如果把第1个和第2个"圆盘"看成一个整体（暂时称为第一部分），那么3个"圆盘"的处理过程就是：先将"list1"中的第一部分移动到"list2"中；然后将"list1"中原来的第3项（由于此时"list1"中原来的第1部分已经被移走，所以原来的第3项也是新的第1项）移动到"list3"中；最后将"list2"中的第1部分对应的2个"圆盘"移动到"list3"中，而2个"圆盘"的移动我们之前已经实现了，整个过程可以通过表29-1来表示。

表29-1　用分治法移动3个"圆盘"的过程

	将第1个"圆盘"从"list1"移动到"list3"
将2个"圆盘"从"list1"移动到"list2"	将第2个"圆盘"从"list1"移动到"list2"
	将第1个"圆盘"从"list3"移动到"list2"
将第3个"圆盘"从"list1"移动到"list3"	
	将第1个"圆盘"从"list2"移动到"list1"
将2个"圆盘"从"list2"移动到"list3"	将第2个"圆盘"从"list2"移动到"list3"
	将第1个"圆盘"从"list1"移动到"list3"

同理，4个"圆盘"的移动情况如表29-2所示。

表29-2　用分治法移动4个"圆盘"的过程

将前3个"圆盘"从"list1"移动到"list2"	将2个"圆盘"从"list1"移动到"list3"（与2个"圆盘"的情况一样）	将第1个"圆盘"从"list1"移动到"list2"
		将第2个"圆盘"从"list1"移动到"list3"
		将第1个"圆盘"从"list2"移动到"list3"
	将第3个"圆盘"从"list1"移动到"list2"	
	将2个"圆盘"从"list3"移动到"list2"	将第1个"圆盘"从"list3"移动到"list1"
		将第2个"圆盘"从"list3"移动到"list2"
		将第1个"圆盘"从"list1"移动到"list2"
将第4个"圆盘"从"list1"移动到"list3"		
将前3个"圆盘"从"list2"移动到"list3"	将2个"圆盘"从"list2"移动到"list1"（与2个"圆盘"的情况一样）	将第1个"圆盘"从"list2"移动到"list3"
		将第2个"圆盘"从"list2"移动到"list1"
		将第1个"圆盘"从"list3"移动到"list1"
	将第3个"圆盘"从"list2"移动到"list3"	
	将2个"圆盘"从"list1"移动到"list3"（与2个"圆盘"的情况一样）	将第1个"圆盘"从"list1"移动到"list2"
		将第2个"圆盘"从"list1"移动到"list3"
		将第1个"圆盘"从"list2"移动到"list3"

　　5个、6个、7个……"圆盘"的情况都是类似的，这里就不往下列举了，下面来看看具体的程序。我们将最基本的移动"圆盘"的过程用函数来表示，创建函数如图29-5所示。

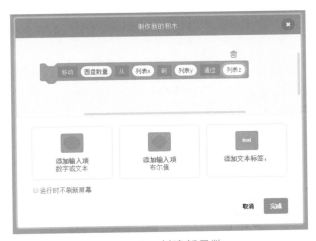

图29-5　创建新函数

　　这里定义的函数（新的积木）为"移动 圆盘数量 从 列表x 到 列表y 通过 列表z"，表示从哪个列表到哪个列表，经过哪个列表，移动多少个"圆盘"，其中圆盘数

量、列表 x、列表 y、列表 z 都是参数，分别表示有多少个"圆盘"、起始位置、目的位置以及过渡位置。

由前面的描述我们能够大致写出函数的具体内容，如图 29-6 所示。

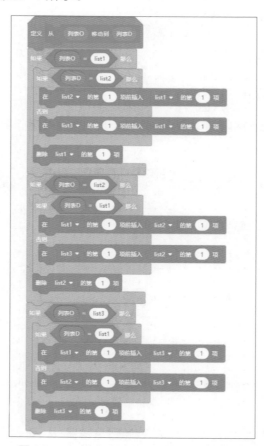

图 29-6 新函数的具体内容

由于在列表操作的指令积木中无法放置参数，所以这里还创建了一个移动单个"圆盘"的函数，如图 29-7 所示。

图 29-7 创建移动单个"圆盘"的函数

由程序能够看出，移动单个"圆盘"分为6种情况，1移到2、3，2移到1、3以及3移到1、2。有了移动单个"圆盘"的函数后，之前的汉诺塔函数就变为图29-8所示的内容。

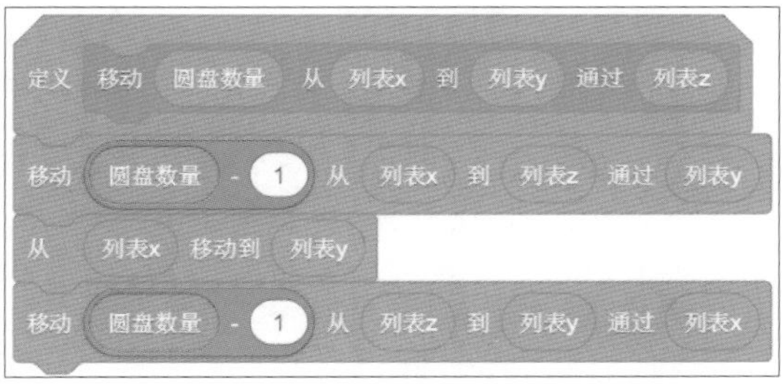

图29-8　修改后的汉诺塔函数

这个函数是由之前我们总结的移动规律得到的，假设要移动n个（变量"圆盘数量"的值）"圆盘"，$n>1$，那么首先就要将$n-1$个"圆盘"移动到过渡的列表中，然后将最后一个"圆盘"移动到目的位置，最后将$n-1$个"圆盘"移动到目的位置。这样我们就通过分治法利用递归完成了这个汉诺塔的移动，不过通过之前的例子我们知道，递归需要一个临界条件，而这里的临界条件就是$n=1$。当$n=1$时，说明是1个"圆盘"的情况，此时直接将"圆盘"移动到对应位置即可，修改后的函数如图29-9所示。

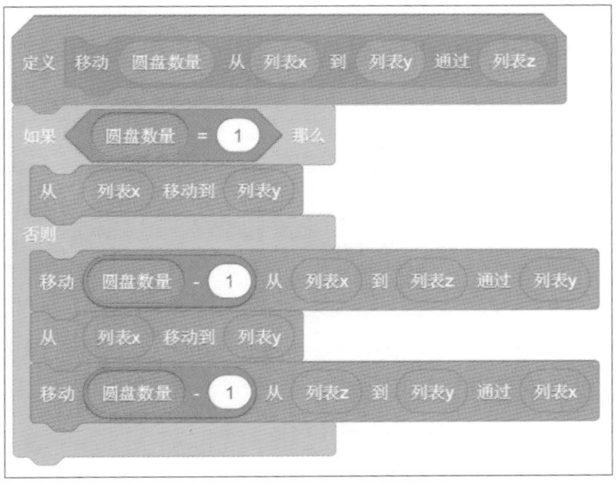

图29-9　再次修改汉诺塔函数

可以将这个函数添加到最开始初始化几个列表的程序后面，如图29-10所示。这样当我们按下空格键时，就会直接开始移动汉诺塔中的"圆盘"了。

图29-10　将新函数添加到初始化列表的程序后面

这里要注意函数中的参数。

好，现在我们可以来说说移动金刚石柱子上的64个圆盘需要多少时间了。为此我们需要计算一下总共要移动多少步，我们创建一个变量"步数"。在初始化"list1"完成之后，将"步数"重新设为0，同时在每次移动"圆盘"的时候都将"步数"增加1，对应指令积木添加位置如图29-11、图29-12所示。

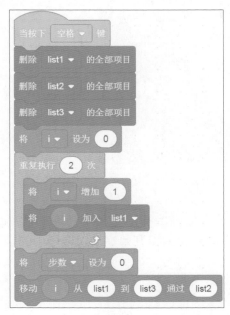

图29-11　添加变量"步数"的程序

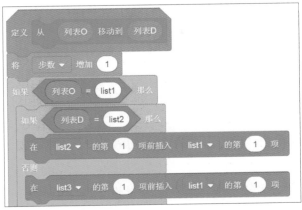

图29-12　移动"圆盘"时计算"步数"的程序

　　假设有 n 个圆盘，移动次数是 $f(n)$。通过运行程序就能知道 $f(1)=1$，$f(2)=3$，$f(3)=7$，$f(4)=15$，而 $f(64)=18\,446\,744\,073\,709\,551\,615$。这个数我不是通过运行程序得出来的，如果每一步在Scratch中需要0.0001秒（实际比这个时间要长），那么约 1.8×10^{19} 步就需要约 1.8×10^{15} 秒，约等于 3×10^{13} 分钟，约等于 5×10^{11} 小时，大概是 2×10^{10} 天，折合成年约 5.8×10^{7} 年，即58万个世纪，我的计算机运行得都报废了估计还没移完呢。这个数是通过总结前面移动次数的规律得来的，$f(1)=1$，$f(2)=3$，$f(3)=7$，$f(4)=15$，那么得到 $f(n)=2^{n}-1$。则 $n=64$ 时，$f(n)=2^{64}-1$，就算真的移动一次圆盘只用0.0001秒，那完成移动金刚石柱子上的64个圆盘也需要58万个世纪。而如果是1秒移动一次的话，则需要5849.42亿年，我想那时地球早就不在了。

第 30 节　背包问题

解决了汉诺塔的问题之后，本章我们再来解决一个背包问题。背包问题是动态规划算法的经典问题。

动态规划与分治法类似，都是把大的问题拆分成小的问题，通过寻找大问题与小问题之间的关系，解决一个个小问题，最终达到解决大问题的目的。但不同的是，分治法中的子问题和子子问题在形式上是一样的，同样的计算被重复地执行了很多次；而动态规划则要记住每一步的子问题答案，然后将这些答案代入新的问题中，所以我们可以认为用动态规划解决问题的核心就在于填表，表填写完毕，最优解也就找到了。

好了，现在回到背包问题，我们来举例说明。假设这里有4本书，分别重200g、300g、400g和500g。4本书的价格分别为30元、40元、60元和50元。我们的背包只能装800g的书，那我们应该选哪几本书才能够让背包内的书的总价最高呢？

首先用图形化编程创建4个列表，对应4本书，通过列表左下角的加号为每个列表添加内容，列表中的第一项表示书的重量，第二项表示书的价格。完成后如图30-1所示。

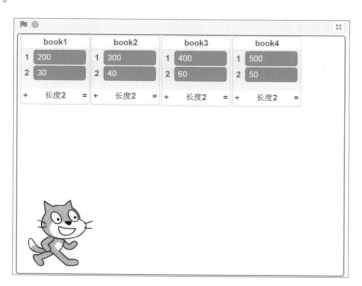

图 30-1　创建 4 个列表，对应 4 种书

用动态规划的方法解决背包问题就是一本书一本书地放，不但是一本一本地放，而且还要把背包分成一个个小背包，因为我们的书都是以 100g 为单位的，背包总共能装 800g 的书，所以这里就把背包分为 8 个状态。对于只有第一本书的情况，我们要把这 8 种状态下的最优解都找到。同样创建一个列表用来保存对应的数据，如图 30-2 所示。

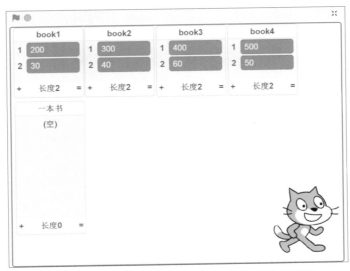

图 30-2　创建 1 个列表存放只有第一本书的情况

在只有第一本书的情况下，我们只需要考虑它是不是能够装到对应的小背包里，所以寻找最优解对应的程序如图 30-3 所示。

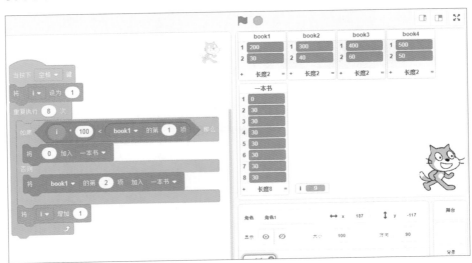

图30-3　只有第一本书的对应程序

　　这里新建了一个变量"i"来保存循环的次数，每次都会比较小背包与第一本书的重量，如果小背包装不下第一本书，则将0加入列表；如果小背包能装下第一本书，则将第一本书的价格加入列表。按下空格键的时候运行程序，此时我们能看到只有第一项的数字为0，这是因为这个状态下背包只能装100g的书，所以第一本书放不进去，因此价格为0。

　　接着来看两本书的情况，同样要新建一个列表。对于这个列表中的数据填写规则描述如下。

　　（1）判断第二本书是不是能够单独放在小背包里，如果不能就将前一个列表中的对应数据放到这个列表中。

　　（2）如果第二本书能够单独放在小背包里，那么就要看看小背包能不能放下两本书，如果不能就再比较前一个列表中的值与第二本书的价格，把大数填到第二个列表中。

　　（3）如果能放下两本书，那直接就把第二本书放进去就可以了。

　　对应的程序如图30-4所示。

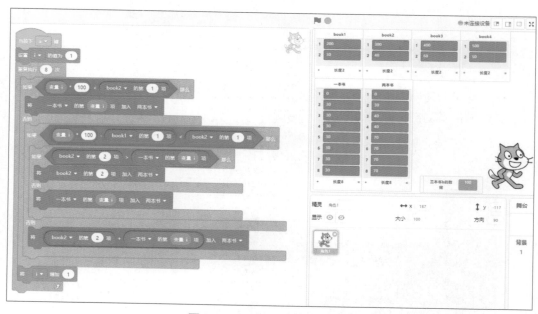

图30-4　两本书对应的程序

　　按下键盘上的a键运行程序。我们看到第3个数变成了40，说明在小背包限重在 300g 的时候能放下第二本书了，而第二本书的价格比第一本书高，所以这个小背包里放的是第二本书。之后的第 5 个数变成了 70，说明此时能放下两本书了。

再接下来看看放 3 本书的情况，依然要新建一个列表。这个列表的数据填写规则和两本书的时候很像，具体描述如下。

1）判断第三本书是不是能够单独放在小背包里，如果不能，就将前一个列表中的对应数据放到这个列表中。

2）如果第三本书能够单独放在小背包里，那么就再看看小背包能不能同时放下 3 本书，如果可以，就直接放 3 本书。

3）如果不能同时放下 3 本书，那么就要分成两种情况：

（a）不放第三本书，这样可以直接取前一个列表中的对应数据；

（b）放第三本书，然后把这个问题变成在剩余的重量限制下寻找最优解的问题。

再比较（a）和（b）的结果，选出价格高的情况。

（a）情况下的函数如图 30-5 所示。

图 30-5　（a）情况的函数

这里为了让程序更加直观，我们新建了一个变量"三本书 a 的数据"。对应（b）情况下的函数如图 30-6 所示。

图 30-6　（b）情况的函数

（b）情况下，我们首先要放入第三本书的价格，然后计算一下剩余的重量限制，因为这是一个动态的过程，所以我们用了变量"i"，然后将剩余的重量限制除以 100，即可在前一个列表中寻找对应的数据。最后新建一个变量"三本书 b 的数据"，将两者的和赋值给这个变量。

完成后的程序如图 30-7 所示。

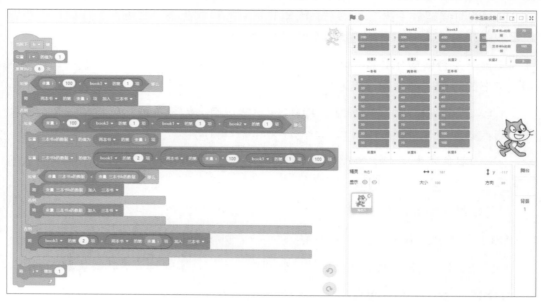

图30-7　3本书对应的程序

按下键盘上的b键运行程序。我们看到第4个数变成了60，说明在限重400g的时候放第三本书是价格最高的，之后第5个数据变成了70，说明限重500g的时候放入第一本书和第二本书是价格最高的，再之后第6个数据变成了90，说明限重600g的时候，放入第一本书和第三本书是价格最高的，最后的数据是100，说明限重700g和800g的时候，放入第二本书和第三本书是价格最高的。通过这步操作能看出来，这个计算过程是完全动态的。

最优性原理是动态规划的基础，最优性原理是指"多阶段决策过程的最优决策序列具有这样的性质：不论初始状态和初始决策如何，对于前面决策所造成的某一状态而言，其后各阶段的决策序列必须构成最优策略"。

最后来看看4本书的情况，依然要新建一个列表。这个列表的数据填写规则和3本书的时候一样，具体描述如下。

1）判断第四本书是不是能够单独放在小背包里，如果不能，就将前一个列表中对应的数据放到这个列表中。

2）如果第四本书能够单独放在小背包里，那么就再看看小背包能不能同时放下4本书，如果可以，就直接放4本书。

3）如果不能同时放下4本书，那么就要分成两种情况：

（a）不放第四本书，这样可以直接取前一个列表中的对应数据；

（b）放第四本书，然后把这个问题变成在剩余的重量限制下寻找最优解的问题。

再比较（a）和（b）的结果，选出价格高的情况。

通过文字描述能够看出来，只要把原来的第三本书变成第四本书，前一个列表由两本书的列表换成3本书的列表即可。对应程序如图30-8所示。

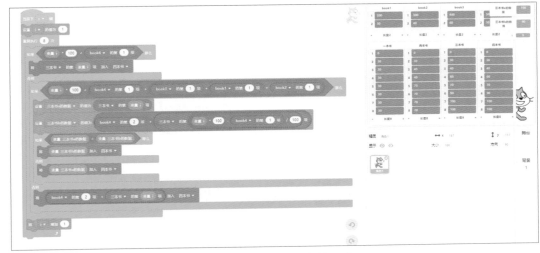

图30-8 4本书对应的程序

列表"四本书"的最后一项就是这个背包问题最后的答案，我们能看到整个"四本书"列表和"三本书"列表一致，这说明我们最后没有将第四本书放到背包中。最后的答案是放入了第二本和第三本书，而此时背包也并没有装满。

大家可能会认为放两本书和放3本书、4本书的情况不一样，其实应该说两本书是一种特殊情况，它和放3本书、4本书的处理方式是一样的。放入两本书的数据填写规则也可以这样描述。

1）判断第二本书是不是能够单独放在小背包里，如果不能就将前一个列表中的对应数据放到这个列表中。

2）如果第二本书能够单独放在小背包里，那么就再看看小背包能不能同时放下两本书，如果可以，就直接放两本书。

3）如果不能同时放下两本书，那么就要分成两种情况：

（a）不放第二本书，这样可以直接取前一个列表中的对应数据；

（b）放第二本书，然后把这个问题变成在剩余的重量限制下寻找最优解的问题。

再比较（a）和（b）的结果，选出价格高的情况。

　　这就是整个动态规划计算的过程，程序部分因为我们进行了分段描述，所以分别用不同的按键来触发相应的程序，但其实我们可以把所有的列表创建完，将所有的程序顺序连接到一起，这样直接运行程序就能得到对应的答案。前面也提到过整个动态规划计算的过程是与加入数据的顺序无关的，大家可以自己尝试改变一下书的顺序，看看结果有没有变化。当然也可以修改书的重量、价格信息，看看最后是不是能够得到一个最优解。